U0206716

"十三五"国家重点出版物出版规划项目

习近平新时代中国特色社会主义思想
学习丛书

名誉总主编　王伟光

总　主　编　谢伏瞻

副总主编　王京清　蔡昉

总　策　划　赵剑英

生态文明建设的理论构建与实践探索

潘家华　等著

中国社会科学出版社
CHINA SOCIAL SCIENCES PRESS

图书在版编目（CIP）数据

生态文明建设的理论构建与实践探索／潘家华等著 . —北京：中国社会科学出版社，2019.3（2019.12 重印）

（习近平新时代中国特色社会主义思想学习丛书）

ISBN 978 – 7 – 5203 – 4029 – 8

Ⅰ.①生…　Ⅱ.①潘…　Ⅲ.①生态环境建设—中国—学习参考资料　Ⅳ.①X321.2

中国版本图书馆 CIP 数据核字（2019）第 016233 号

出 版 人	赵剑英
项目统筹	王　茵
责任编辑	王　茵　孙　萍
特约编辑	王　曦
责任校对	赵雪姣
责任印制	王　超

出　　　版	中国社会科学出版社
社　　　址	北京鼓楼西大街甲 158 号
邮　　　编	100720
网　　　址	http://www.csspw.cn
发 行 部	010 – 84083685
门 市 部	010 – 84029450
经　　　销	新华书店及其他书店

印刷装订	北京君升印刷有限公司
版　　　次	2019 年 3 月第 1 版
印　　　次	2019 年 12 月第 4 次印刷

开　　　本	710×1000　1/16
印　　　张	18.25
字　　　数	200 千字
定　　　价	43.00 元

代　序

时代精神的精华
伟大实践的指南

谢伏瞻*

　　习近平总书记指出："马克思主义是不断发展的开放的理论，始终站在时代前沿。"① 习近平新时代中国特色社会主义思想，弘扬马克思主义与时俱进的品格，顺应时代发展，回应时代关切，科学回答了"新时代坚持和发展什么样的中国特色社会主义、怎样坚持和发展中国特色社会主义"这个重大时代课题，实现了马克思主义中国化的新飞跃，开辟了马克思主义新境界、中国特色社会主义新境界、治国理政新境界、管党治党新境界，是当代中国马克思主义、21 世纪马克思主义，是时代精神的精华、伟大实践的指南。

---

　　* 作者为中国社会科学院院长、党组书记，学部主席团主席。
　　① 习近平：《在纪念马克思诞辰 200 周年大会上的讲话》（2018 年 5 月 4 日），人民出版社 2018 年版，第 9 页。

一 科学回答时代之问、人民之问

马克思说过："问题是时代的格言，是表现时代自己内心状态的最实际的呼声。"① 习近平总书记也深刻指出："只有立足于时代去解决特定的时代问题，才能推动这个时代的社会进步；只有立足于时代去倾听这些特定的时代声音，才能吹响促进社会和谐的时代号角。"② 习近平新时代中国特色社会主义思想，科学回答时代之问、人民之问，在回答和解决时代和人民提出的重大理论和现实问题中，形成马克思主义中国化最新成果，成为夺取新时代中国特色社会主义伟大胜利的科学指南。

（一）深入分析当今时代本质和时代特征，科学回答"人类向何处去"的重大问题

习近平总书记指出："尽管我们所处的时代同马克思所处的时代相比发生了巨大而深刻的变化，但从世界社会主义 500 年的大视野来看，我们依然处在马克思主义所指明的历史时代。"③ 马克思恩格斯关于资本主义基本矛盾的分析没有过时，关于资本主义必然灭亡、社会主义必然胜

---

① 《马克思恩格斯全集》第 1 卷，人民出版社 1995 年版，第 203 页。

② 习近平：《问题就是时代的口号》（2006 年 11 月 24 日），载习近平《之江新语》，浙江人民出版社 2007 年版，第 235 页。

③ 《习近平谈治国理政》第 2 卷，外文出版社 2017 年版，第 66 页。

利的历史唯物主义观点也没有过时。这是我们对马克思主义保持坚定信心、对社会主义保持必胜信念的科学根据。

　　虽然时代本质没有改变，但当代资本主义却呈现出新的特点。一方面，资本主义的生产力水平在当今世界依然处于领先地位，其缓和阶级矛盾、进行自我调整和体制修复的能力依然较强，转嫁转化危机的能力和空间依然存在，对世界经济政治秩序的控制力依然强势。另一方面，当前资本主义也发生了许多新变化，出现了许多新问题。正如习近平总书记指出的："许多西方国家经济持续低迷、两极分化加剧、社会矛盾加深，说明资本主义固有的生产社会化和生产资料私人占有之间的矛盾依然存在，但表现形式、存在特点有所不同。"[①] 当今时代本质及其阶段性特征，形成了一系列重大的全球性问题。世界范围的贫富分化日益严重，全球经济增长动能严重不足，霸权主义和强权政治依然存在，地区热点问题此起彼伏，恐怖主义、网络安全、重大传染性疾病、气候变化等非传统安全威胁持续蔓延，威胁和影响世界和平与发展。与此同时，随着世界多极化、经济全球化、社会信息化、文化多样化深入发展，反对霸权主义和强权政治的和平力量迅速发展，全球治理体系和国际秩序变革加速推进，不合理的世界经济政治秩序愈益难以为继，人类社会进入大发展大变革大调整的重要时期，面临"百年未有之大变局"。在新的时代条件下，如何应对人类共同面临的全球性重大挑战，引领人

---

　　① 习近平：《在哲学社会科学工作座谈会上的讲话》（2016年5月17日），人民出版社2016年版，第14页。

类走向更加光明而不是更加黑暗的前景，成为一个必须科学回答的重大问题，这就是"人类向何处去"的重大时代课题。习近平总书记立足全人类立场，科学回答这个重大问题，提出了一系列新思想新观点，深化了对人类社会发展规律的认识，也具体回答了"世界怎么了，我们怎么办"的迫切现实问题。

（二）深入分析世界社会主义运动的新情况新特点，科学回答"社会主义向何处去"的重大问题

习近平总书记深刻指出，社会主义从产生到现在有着500多年的历史，实现了从空想到科学、从理论到实践、从一国到多国的发展。特别是十月革命的伟大胜利，使科学社会主义从理论走向实践，从理想走向现实，开辟了人类历史发展的新纪元。第二次世界大战以后，世界上出现一批社会主义国家，世界社会主义运动蓬勃发展。但是，20世纪80年代末90年代初发生的苏东剧变，使世界社会主义运动遭遇严重挫折而进入低潮。

进入21世纪，西方资本主义国家出现了严重危机，在世界上的影响力不断下降，而中国特色社会主义则取得了辉煌成就，其他国家和地区的社会主义运动和进步力量也有所发展。但是，两种制度既合作又竞争的状况将长期存在，世界社会主义的发展任重道远。在这样的背景和条件下，世界社会主义运动能否真正走出低谷并发展振兴，"东升西降"势头能否改变"资强社弱"的总体态势，成为一个必须回答的重大问题，这就是"社会主义向何处去"的重大问题。习近平总书记贯通历史、现实和未来，

科学回答这个重大问题，深化了对社会主义发展规律的认识，丰富发展了科学社会主义。新时代中国特色社会主义的发展，成为世界社会主义新发展的引领旗帜和中流砥柱。

（三）深入分析当代中国新的历史方位及其新问题，科学回答"中国向何处去"的重大问题

在世界社会主义运动面临严峻挑战、处于低潮之际，中国坚定不移地沿着中国特色社会主义道路开拓前进，经过长期努力，经济、科技、国防等方面实力进入世界前列，国际地位得到空前提升，以崭新姿态屹立于世界民族之林。中国特色社会主义进入新时代，"在中华人民共和国发展史上、中华民族发展史上具有重大意义，在世界社会主义发展史上、人类社会发展史上也具有重大意义"①。

中国特色社会主义进入新时代，中国日益走近世界舞台中央，影响力、感召力和引领力不断增强，使世界上相信马克思主义和社会主义的人多了起来，使两种社会制度力量对比发生了有利于马克思主义、社会主义的深刻转变。为此，西方资本主义国家不断加大对中国的渗透攻击力度，中国遭遇"和平演变""颜色革命"等风险也在不断加大。因此，新时代如何进行具有许多新的历史特点的伟大斗争，在国内解决好新时代的社会主要矛盾，在国际

---

①　习近平：《决胜全面建成小康社会　夺取新时代中国特色社会主义伟大胜利——在中国共产党第十九次全国代表大会上的报告》（2017 年 10 月 18 日），人民出版社 2017 年版，第 12 页。

上维护好国家主权、安全和发展利益，推进新时代中国特色社会主义取得新胜利，实现中华民族伟大复兴，成为一个必须科学回答的重大问题，这就是"中国向何处去"的重大问题。习近平总书记立足新的历史方位，科学回答了这个重大问题，深化了对中国特色社会主义建设规律的认识，在马克思主义中国化历史进程中具有里程碑的意义。

（四）深入分析新时代中国共产党面临的风险挑战，科学回答"中国共产党向何处去"的重大问题

中国共产党是中国工人阶级的先锋队，同时是中华民族和中国人民的先锋队，不断推进伟大自我革命和伟大社会革命。中华民族迎来了从站起来、富起来到强起来的伟大飞跃，迎来了中华民族伟大复兴的光明前景。但是在长期执政、改革开放日益深入、外部环境复杂变化的新的历史条件下，党自身状况发生了广泛深刻变化，"四大考验"长期复杂，"四大危险"尖锐严峻，正如习近平总书记指出的："我们党面临的执政环境是复杂的，影响党的先进性、弱化党的纯洁性的因素也是复杂的，党内存在的思想不纯、组织不纯、作风不纯等突出问题尚未得到根本解决。"① 中国共产党能否经得住前所未有的风险考验，始终保持自身的先进性和纯洁性，始终走在时代前列、始终成为全国人民的主心骨、始终成为坚强领导核心，成为一个

---

① 习近平：《决胜全面建成小康社会 夺取新时代中国特色社会主义伟大胜利——在中国共产党第十九次全国代表大会上的报告》（2017 年 10 月 18 日），人民出版社 2017 年版，第 61 页。

必须科学回答的重大问题，这就是"中国共产党向何处去"的重大问题。习近平总书记勇于应对风险挑战，科学回答了这个重大问题，深化了对共产党执政规律的认识，把马克思主义执政党建设推进到一个新境界。

总之，人类向何处去、社会主义向何处去、当代中国向何处去、中国共产党向何处去，这些时代之问、人民之问，这些重大理论和现实问题，集中到一点，就是"新时代坚持和发展什么样的中国特色社会主义、怎样坚持和发展中国特色社会主义"这个重大时代课题。以习近平同志为主要代表的中国共产党人从理论和实践的结合上系统回答了这个重大时代课题，创立了习近平新时代中国特色社会主义思想。这一马克思主义中国化最新成果，既是中国的也是世界的，既是中国人民的行动指南也是全人类的共同思想财富。

二　丰富的思想内涵，严整的理论体系

习近平新时代中国特色社会主义思想内涵十分丰富，涵盖改革发展稳定、内政外交国防、治党治国治军等各个领域、各个方面，构成了一个系统完整、逻辑严密、相互贯通的思想理论体系。

（一）坚持和发展新时代中国特色社会主义，是习近平新时代中国特色社会主义思想的核心要义

中国特色社会主义，是我们党紧密联系中国实际、深入探索创新取得的根本成就，是改革开放以来党的全部理

论和实践的主题。中华人民共和国成立后，以毛泽东同志为核心的第一代中央领导集体，团结带领全党全国人民开始探索适合中国国情的社会主义建设道路。改革开放以来，以邓小平同志为核心的第二代中央领导集体、以江泽民同志为核心的第三代中央领导集体、以胡锦涛同志为总书记的党中央，紧紧围绕着坚持和发展中国特色社会主义这个主题，深入分析并科学回答了"什么是社会主义、怎样建设社会主义""建设什么样的党、怎样建设党""实现什么样的发展、怎样发展"等重大问题，不断深化对中国特色社会主义建设规律的认识，创立了邓小平理论、"三个代表"重要思想、科学发展观，不断丰富中国特色社会主义理论体系。

党的十八大以来，以习近平同志为核心的党中央一以贯之地坚持这个主题，紧密结合新时代条件和新实践要求，以全新的视野，紧紧抓住并科学回答了"新时代坚持和发展什么样的中国特色社会主义、怎么坚持和发展中国特色社会主义"这一重大时代课题，创立了习近平新时代中国特色社会主义思想，深刻揭示了新时代中国特色社会主义的本质特征、发展规律和建设路径，为新时代坚持和发展中国特色社会主义提供了科学指引和基本遵循。

（二）"八个明确"是习近平新时代中国特色社会主义思想的主要内容

习近平总书记创造性地把马克思主义基本原理同当代中国具体实践有机结合起来，对新时代坚持和发展中国特色社会主义的总目标、总任务、总体布局和战略布局及发展方向、发展方式、发展动力、战略步骤、外部条件、政治保证等一系列基本问题进行了系统阐述，做出了"八个明确"的精辟概括，构成了习近平新时代中国特色社会主义思想的主要内容。其中，第一个明确从国家发展的层面上，阐明了坚持和发展中国特色社会主义的总目标、总任务和战略步骤。第二个明确从人和社会发展的层面上，阐明了新时代中国社会主要矛盾，以及通过解决这个主要矛盾促进人的全面发展、全体人民共同富裕的社会理想。第三个明确从总体布局和战略布局的层面上，阐明了新时代中国特色社会主义事业的发展方向和精神状态。第四至第七个明确分别从改革、法治、军队、外交方面，阐明了新时代坚持和发展中国特色社会主义的改革动力、法治保障、军事安全保障和外部环境保障等。第八个明确从最本质特征、最大优势和最高政治领导力量角度，阐明了新时代坚持和发展中国特色社会主义的根本政治保证。

"八个明确"涵盖了新时代坚持和发展中国特色社会主义的最核心、最重要的理论和实践问题。既包括中国特色社会主义最本质特征，又包括决定党和国家前途命运的根本力量；既包括中国大踏步赶上时代的法宝，又包括解决中国一切问题的基础和关键；既包括社会主义政治发展的必然要求，又包括中国特色社会主义的本质要求和重要保障；既包括国家和民族发展中更基本、更深沉、更持久的力量，又包括发展的根本目的；既包括中华民族永续发展的千年大计，又包括我们党治国理政的重大原则；既包括实现"两个一百年"奋斗目标的战略支撑，又包括实现中华民族伟大复兴的必然要求；既包括实现中国梦的国际环境和稳定的国际秩序，又包括我们党最鲜明的品格。这些内容逻辑上层层递进，内容上相辅相成，集中体现了习近平新时代中国特色社会主义思想的系统性、科学性、创新性。

（三）"十四个坚持"是新时代坚持和发展中国特色社会主义的基本方略

"十四个坚持"是习近平新时代中国特色社会主义思想的重要组成部分，是新时代坚持和发展中国特色社会主义的基本方略。其主要内容就是：坚持党对一切工作的领导，坚持以人民为中心，坚持全面深化改革，坚持新发展理念，坚持人民当家作主，坚持全面依法治国，坚持社会主义核心价值体系，坚持在发展中保障和改善民生，坚持人与自然和谐共生，坚持总体国家安全观，坚持党对人民军队的绝对领导，坚持"一国两制"和推进祖国统一，坚持推动构建人类命运共同体，坚持全面从严治党。

"十四个坚持"基本方略，从新时代中国特色社会主义的实践要求出发，包括中国全方位的发展要求，深化了对共产党执政规律、社会主义建设规律、人类社会发展规律的认识。体现了坚持党对一切工作的领导和坚持全面从严治党的极端重要性，紧紧扭住和高度聚焦中国共产党是当今中国最高政治领导力量。充分体现了坚持以人民为中心的根本立场和坚持全面深化改革的根本方法。包含了中国特色社会主义"五位一体"总体布局和"四个全面"战略布局的基本要求，突出了关键和特殊领域的基本要求，即坚持总体国家安全观体现了国家安全领域的基本要求，坚持党对人民军队的绝对领导体现了军队和国防建设方面的基本要求，坚持"一国两制"和推进祖国统一体现了港澳台工作方面的基本要求，坚持推动构建人类命运共同体体现了外交工作方面的基本要求。总的来看，"十四个坚持"基本方略，从行动纲领和重大对策措施的层面上，对经济、政治、法治、科技、文化、教育、民生、民族、宗教、社会、生态文明、国家安全、国防和军队、"一国两制"和祖国统一、统一战线、外交、党的建设等各方面内容做出了科学回答和战略部署，形成了具有实践性、操作性的根本要求，是实现"两个一百年"奋斗目标、实现中华民族伟大复兴中国梦的"路线图"和"方法论"，是科学的行动纲领和实践遵循。

（四）习近平新时代中国特色社会主义思想是一个严整的理论体系

习近平新时代中国特色社会主义思想坚持马克思主义基本立场、观点和方法，扎根于中国特色社会主义的生动实践，聚焦时代课题、擘画时代蓝图、演奏时代乐章，构建起系统完备、逻辑严密、内在统一的科学理论体系。它有着鲜明的人民立场和科学逻辑，蕴含着丰富的思想方法和工作方法，体现了坚持马克思主义与发展马克思主义的辩证统一，体现了把握事物发展客观规律性与发挥人的主观能动性的辩证统一，体现了立足中国国情与把握世界发展大势的辩证统一，书写了马克思主义发展新篇章。

习近平新时代中国特色社会主义思想内容极其丰富，

既是科学的理论指南，又是根本的行动纲领。"八个明确"侧重于回答新时代坚持和发展什么样的中国特色社会主义的问题，科学阐述了新时代中国特色社会主义发展中生产力与生产关系、经济基础与上层建筑、发展目标与实践进程等的辩证关系，涵盖了经济建设、政治建设、文化建设、社会建设、生态文明建设以及国防、外交、党的建设各个领域，是架构这一科学理论体系的四梁八柱。"十四个坚持"侧重于回答新时代怎么坚持和发展中国特色社会主义的问题，根据新时代的实践要求，从领导力量、发展思想、根本路径、发展理念、政治制度、治国理政、思想文化、社会民生、绿色发展、国家安全、军队建设、祖国统一、国际关系、党的建设等方面，做出深刻的理论分析和明确的政策指导，是习近平新时代中国特色社会主义思想的理论精髓和核心要义的具体展开，同党的基本理论、基本路线一起，构成党和人民事业发展的根本遵循。

总之，习近平新时代中国特色社会主义思想贯通历史、现实和未来，是扎根中国大地、反映人民意愿、顺应时代发展进步要求的科学理论体系。它坚持"实事求是，一切从实际出发"，"坚持问题导向"，"聆听时代声音"，坚持以我们正在做的事情为中心，以解决人民群众最关心、最直接、最现实的利益问题为着力点，顺利推进中国特色社会主义伟大事业。它始终面向党和国家事业长远发展，形成了从全面建成小康社会到基本实现现代化、再到全面建成社会主义现代化强国的战略安排，发出了实现中华民族伟大复兴中国梦的最强音。

三　为发展马克思主义做出原创性贡献

习近平总书记指出："新中国成立以来特别是改革开放以来，中国发生了深刻变革，置身这一历史巨变之中的中国人更有资格、更有能力揭示这其中所蕴含的历史经验和发展规律，为发展马克思主义作出中国的原创性贡献。"① 习近平新时代中国特色社会主义思想，是发展创新马克思主义的典范，贯通马克思主义哲学、政治经济学、科学社会主义，体现了马克思主义基本原理与当代中国具体实际的有机结合，体现了对中华优秀传统文化、人类优秀文明成果的继承发展，赋予了马克思主义鲜明的实践特色、理论特色、民族特色、时代特色，是当代中国马克思主义、21 世纪马克思主义，为丰富和发展马克思主义做出了中国的原创性贡献。

（一）赋予辩证唯物主义和历史唯物主义新内涵

习近平总书记强调，辩证唯物主义和历史唯物主义是马克思主义的世界观、方法论，是马克思主义全部理论的基石，马克思主义哲学是共产党人的看家本领，"必须不断接受马克思主义哲学智慧的滋养"②。习近平新时代中国

---

① 《习近平谈治国理政》第 2 卷，外文出版社 2017 年版，第 66 页。

② 习近平：《辩证唯物主义是中国共产党人的世界观和方法论》，《求是》2019 年第 1 期。

特色社会主义思想，创造性地将辩证唯物主义和历史唯物主义运用于党和国家的一切工作中，丰富发展了马克思主义哲学。比如，习近平总书记强调要学习和实践人类社会发展规律的思想，提出共产主义远大理想信念是共产党人的政治灵魂、精神支柱，实现共产主义是由一个一个阶段性目标达成的历史过程，"我们现在的努力以及将来多少代人的持续努力，都是朝着最终实现共产主义这个大目标前进的"①，把共产主义远大理想同中国特色社会主义共同理想统一起来、同我们正在做的事情统一起来；强调学习和实践坚守人民立场的思想，提出始终把人民立场作为根本立场，把为人民谋幸福作为根本使命，坚持全心全意为人民服务的根本宗旨，贯彻群众路线，尊重人民主体地位和首创精神，始终保持同人民群众的血肉联系，凝聚起众志成城的磅礴力量，团结带领人民共同创造历史伟业，不断促进人的全面发展、社会全面进步；学习和实践生产力和生产关系的思想，提出生产力是推动社会进步的最活跃、最革命的要素，社会主义的根本任务是解放和发展生产力，坚持发展为第一要务，自觉通过调整生产关系激发社会生产力发展活力，自觉通过完善上层建筑适应经济基础发展要求，让中国特色社会主义更加符合规律地向前发展；强调运用社会矛盾运动学说，揭示新时代中国社会主要矛盾是人民日益增长的美好生活需要和不平衡不充分的

---

① 习近平：《关于坚持和发展中国特色社会主义的几个问题（2013 年 1 月 5 日）》，载《十八大以来重要文献选编》（上），中央文献出版社 2014 年版，第 115 页。

发展之间的矛盾；强调学习掌握唯物辩证法的根本方法，丰富和发展马克思主义方法论，增强战略思维、历史思维、辩证思维、创新思维、法治思维、底线思维能力，等等。这些新思想新观点新方法，在新的时代条件下赋予了辩证唯物主义和历史唯物主义基本原理和方法论新的时代内涵，光大了马克思主义哲学的实践性品格，将马克思主义哲学的创造性运用提升到一个新的境界，为中国人民认识世界、改造世界提供了强大的精神力量，发挥了改造世界的真理伟力。

（二）谱写马克思主义政治经济学新篇章

习近平总书记指出："学好马克思主义政治经济学基本原理和方法论，有利于我们掌握科学的经济分析方法，认识经济运动过程，把握经济社会发展规律，提高驾驭社会主义市场经济能力，更好回答中国经济发展的理论和实践问题。"[①] 习近平总书记立足中国国情和发展实践，深入研究世界经济和中国经济面临的新情况新问题，把马克思主义政治经济学基本原理同新时代中国经济社会发展实际相结合，提炼和总结中国经济发展实践的规律性成果，把实践经验上升为系统化的经济学理论，形成习近平新时代中国特色社会主义经济思想。比如，提出坚持发展为了人民的马克思主义政治经济学的根本立场，坚持以人民为中

---

① 习近平：《不断开拓当代中国马克思主义政治经济学新境界》（2015 年 11 月 23 日），载习近平《论坚持全面深化改革》，中央文献出版社 2018 年版，第 187 页。

心的发展思想，坚定不移走共同富裕道路，推进全民共享、全面共享、共建共享和渐进共享，最终实现全体人民共同富裕，发展了马克思主义关于社会主义生产本质和目的的理论；创造性提出并贯彻创新、协调、绿色、开放、共享的新发展理念，集中反映了我们党对中国经济社会发展规律认识的深化，创新了马克思主义发展观；坚持和完善中国社会主义基本经济制度和分配制度，提出毫不动摇巩固和发展公有制经济，毫不动摇鼓励、支持、引导非公有制经济的发展，完善按劳分配为主体、多种分配方式并存的分配制度，使改革发展成果更多更公平惠及全体人民，实现效率和公平有机统一，发展了马克思主义所有制理论和分配理论；提出完善社会主义市场经济体制，使市场在资源配置中起决定性作用，更好发挥政府作用，实现了我们党对中国特色社会主义建设规律认识的新突破，标志着社会主义市场经济发展进入了一个新阶段；着眼于中国经济由高速增长阶段转向高质量发展阶段的深刻变化，提出积极适应、把握、引领经济发展新常态，坚持质量第一、效益优先，以供给侧结构性改革为主线，推动经济发展质量变革、效率变革、动力变革，建设现代化经济体系，发展了社会主义经济建设理论；站在全面建成小康社会、实现中华民族伟大复兴中国梦的战略高度，把脱贫攻坚摆到治国理政突出位置，提出精准扶贫、精准脱贫等重要思想，推动中国减贫事业取得巨大成就，对世界减贫做出了重大贡献；坚持对外开放基本国策，提出发展更高层次的开放型经济，积极参与全球经济治理，推进"一带一路"建设，深化了社会主义对外开放理论，等等。这一系列新思想新理念新论断，创造性地坚持和发展马克思主义政治经济学基本原理和方法论，实现了中国特色社会主义政治经济学学术体系、话语体系、方法论体系的创新发展，书写了当代中国社会主义政治经济学、21世纪马克思主义政治经济学的最新篇章，打破国际经济学领域许多被奉为教条的西方经济学的理论、概念、方法和话语，为发展马克思主义政治经济学做出重大贡献。

（三）开辟科学社会主义新境界

习近平总书记指出："科学社会主义基本原则不能丢，丢了就不是社会主义。"① 对科学社会主义的理论思考、经验总结，对坚持和发展中国特色社会主义的担当和探索，贯穿习近平新时代中国特色社会主义思想形成和发展的全过程。习近平新时代中国特色社会主义思想贯穿科学社会主义基本原则，推进理论创新、实践创新、制度创新、文化创新以及各方面创新，提出一系列关于科学社会主义的新思想。比如，把科学社会主义基本原则同中国具体实际、历史文化传统、时代要求紧密结合起来，提出"中国特色社会主义是社会主义而不是其他什么主义"②，是科学社会主义理论逻辑和中国社会发展历史逻辑的辩证统一，是根植于中国大地、反映中国人民意愿、适应中国和时代

---

① 习近平：《关于坚持和发展中国特色社会主义的几个问题（2013年1月5日）》，载《十八大以来重要文献选编》（上），中央文献出版社2014年版，第109页。

② 同上。

发展进步要求的科学社会主义；明确中国特色社会主义事业总体布局是"五位一体"、战略布局是"四个全面"，强调坚定"四个自信"，明确全面深化改革是坚持和发展中国特色社会主义的根本动力等，丰富发展了马克思主义关于社会主义全面发展的认识；将科学社会主义基本原则运用于解决当代中国实践问题，创造性地提出中国特色社会主义进入新时代、建设社会主义现代化强国的思想，丰富发展了社会主义发展阶段理论；创造性地提出坚持和完善中国特色社会主义制度、不断推进国家治理体系和治理能力现代化的思想，创建了科学社会主义关于国家治理体系和治理能力现代化的崭新理论，丰富发展了马克思主义国家学说和社会治理学说；站在人类历史发展进程的高度，正确把握国际形势的深刻变化，顺应和平、发展、合作、共赢的时代潮流，高瞻远瞩地提出构建人类命运共同体的重大思想，建设持久和平、普遍安全、共同繁荣、开放包容、清洁美丽的世界，丰富发展了马克思主义关于未来社会发展的理论；创造性地提出中国特色社会主义最本质的特征和中国特色社会主义制度的最大优势是中国共产党的领导，党是最高政治领导力量，新时代党的建设总要求、新时代党的组织路线，突出政治建设在党的建设中的重要地位，持之以恒全面从严治党等重大思想，科学地解答了马克思主义执政党长期执政面临的一系列重大问题，深化了对共产党执政规律的认识，丰富发展了马克思主义政党建设理论，等等。这些重大理论观点，是习近平总书记总结世界社会主义 500 多年历史，科学社会主义 170 多年历史，特别是中华人民共和国近 70 年社会主义建设正反经验得出的重要结论，回答了在 21 世纪如何坚持和发展科学社会主义等重大理论和实践问题，丰富和发展了科学社会主义基本原理，彰显了科学社会主义的鲜活生命力，使社会主义的伟大旗帜始终在中国大地上高高飘扬，把科学社会主义推向一个新的发展阶段。

实践没有止境，理论创新也没有止境。习近平总书记指出："世界每时每刻都在发生变化，中国也每时每刻都在发生变化，我们必须在理论上跟上时代，不断认识规律，不断推进理论创新、实践创新、制度创新、文化创新以及其他各方面创新。"① 今天，时代变化和中国发展的广度和深度远远超出了马克思主义经典作家当时的想象，这就要求我们坚持用马克思主义观察时代、解读时代、引领时代，用鲜活丰富的当代中国实践来推动马克思主义发展，以更加宽阔的眼界审视马克思主义在当代发展的现实基础和实践需要，继续发展 21 世纪马克思主义，不断开辟马克思主义发展新境界，使马克思主义放射出更加灿烂的真理光芒。

四　坚持用习近平新时代中国特色社会主义思想统领哲学社会科学工作

习近平总书记指出："坚持以马克思主义为指导，是

---

① 习近平：《决胜全面建成小康社会　夺取新时代中国特色社会主义伟大胜利——在中国共产党第十九次全国代表大会上的报告》（2017 年 10 月 18 日），人民出版社 2017 年版，第 26 页。

当代中国哲学社会科学区别于其他哲学社会科学的根本标志，必须旗帜鲜明加以坚持。"① 不坚持以马克思主义为指导，哲学社会科学就会失去灵魂、迷失方向，最终也不能发挥应有作用。习近平新时代中国特色社会主义思想是闪耀真理光辉、凝结时代精华的当代中国马克思主义，是新时代哲学社会科学的最高成果。坚持习近平新时代中国特色社会主义思想，就是真正坚持和发展马克思主义。用习近平新时代中国特色社会主义思想武装头脑、指导实践、推动工作，是做好一切工作的重要前提。坚持以习近平新时代中国特色社会主义思想为统领，中国哲学社会科学就有了定盘星和主心骨，就能保证哲学社会科学研究坚持正确的政治方向、学术导向和价值取向，就能与时代同步伐、与人民齐奋进，实现哲学社会科学的大繁荣大发展。

（一）学懂弄通做实习近平新时代中国特色社会主义思想

学习宣传贯彻习近平新时代中国特色社会主义思想是哲学社会科学界头等政治任务和理论任务。担负起新时代赋予的构建中国特色哲学社会科学崇高使命，必须做到：一要学懂，深入学习领会这一思想蕴含的核心要义、丰富内涵、重大意义，深刻领悟这一思想对丰富发展马克思主义理论宝库做出的原创性贡献，深刻把握这一思想对哲学社会科学工作的指导意义；二要弄通，学习贯穿习近平新

————————

① 习近平：《在哲学社会科学工作座谈会上的讲话》（2016年5月17日），人民出版社2016年版，第8页。

时代中国特色社会主义思想的立场观点方法，既要知其然又要知其所以然，体会习近平总书记为什么这么讲，站在什么样的高度来讲；三要落实，全面贯彻习近平总书记在哲学社会科学工作座谈会上的重要讲话和致中国社会科学院建院 40 周年、中国社会科学院中国历史研究院成立贺信精神，把习近平新时代中国特色社会主义思想落实到哲学社会科学各个领域、各个方面，切实贯穿到学术研究、课堂教学、成果评价、人才培养等各个环节，促进党的创新理论与各个学科、概念、范畴之间的融通，使党的重大理论创新成果真正融入哲学社会科学中去，推出系统性与学理性并重、说理透彻与文风活泼兼备的高水平研究成果，书写研究阐释当代中国马克思主义、21 世纪马克思主义的学术经典，为推进马克思主义中国化时代化大众化做出新贡献。

（二）坚持以研究回答新时代重大理论和现实问题为主攻方向

问题是时代的声音。习近平总书记反复强调："当代中国的伟大社会变革，不是简单延续我国历史文化的母版，不是简单套用马克思主义经典作家设想的模板，不是其他国家社会主义实践的再版，也不是国外现代化发展的翻版，不可能找到现成的教科书。"[1] 建设具有中国特色、中国风格、中国气派的哲学社会科学，必须立足中国实

---

[1]　习近平：《在哲学社会科学工作座谈会上的讲话》（2016年 5 月 17 日），人民出版社 2016 年版，第 21 页。

际，以我们正在做的事情为中心，坚持问题导向，始终着眼党和国家工作大局，聚焦新时代重大理论和现实问题，聚焦人民群众关注的热点和难点问题，聚焦党中央关心的战略和策略问题，特别是习近平总书记提出的一系列重大问题，例如，如何巩固马克思主义在意识形态领域的指导地位，培育和践行社会主义核心价值观，巩固全党全国各族人民团结奋斗的共同思想基础；如何贯彻落实新发展理念、加快推进供给侧结构性改革、转变经济发展方式、提高发展质量和效益；如何更好保障和改善民生、促进社会公平正义；如何提高改革决策水平、推进国家治理体系和治理能力现代化；如何加快建设社会主义文化强国、增强文化软实力、提高中国在国际上的话语权；如何不断提高党的领导水平和执政水平、增强拒腐防变和抵御风险能力等，在研究这些问题上大有作为，推出更多对中央决策有重要参考价值、对事业发展有重要推动作用的优秀成果，揭示中国社会发展、人类社会发展的大逻辑大趋势，为实现中华民族伟大复兴的中国梦提供智力支持。

（三）加快构建中国特色哲学社会科学学科体系、学术体系、话语体系

哲学社会科学的特色、风格、气派，是发展到一定阶段的产物，是成熟的标志，是实力的象征，也是自信的体现。构建中国特色哲学社会科学，是新时代繁荣发展中国哲学社会科学事业的崇高使命，是广大哲学社会科学工作者的神圣职责。哲学社会科学界要以高度的政治自觉和学术自觉，以强烈的责任感、紧迫感和担当精神，在加快构

建"三大体系"上有过硬的举措、实质性进展和更大作为。要按照习近平总书记在哲学社会科学工作座谈会上的重要讲话中提出的指示要求，按照立足中国、借鉴国外，挖掘历史、把握当代，关怀人类、面向未来的思路，体现继承性、民族性，体现原创性、时代性，体现系统性、专业性，构建中国哲学社会科学学科体系、学术体系、话语体系，形成全方位、全领域、全要素的哲学社会科学体系，为建设具有中国特色、中国风格、中国气派的哲学社会科学奠定基础，增强中国哲学社会科学研究的国际影响力，提升国家的文化软实力，让世界知道"学术中的中国""理论中的中国""哲学社会科学中的中国"。

（四）弘扬理论联系实际的马克思主义学风

繁荣发展中国哲学社会科学，必须解决好学风问题，加强学风建设。习近平总书记指出："理论一旦脱离了实践，就会成为僵化的教条，失去活力和生命力。"[①] 哲学社会科学工作者要理论联系实际，大力弘扬崇尚精品、严谨治学、注重诚信、讲求责任的优良学风，营造风清气正、互学互鉴、积极向上的学术生态；要树立良好学术道德，自觉遵守学术规范，讲究博学、审问、慎思、明辨、笃行，崇尚"士以弘道"的价值追求，真正把做人、做事、做学问统一起来；要有"板凳要坐十年冷，文章不写一句空"的执着坚守，耐得住寂寞，经得起诱惑，守得住底

---

① 习近平：《辩证唯物主义是中国共产党人的世界观和方法论》，《求是》2019 年第 1 期。

线，立志做大学问、做真学问；要把社会责任放在首位，严肃对待学术研究的社会效果，自觉践行社会主义核心价值观，做真善美的追求者和传播者，以深厚的学识修养赢得尊重，以高尚的人格魅力引领风气，在为祖国、为人民立德立言中成就自我、实现价值，成为先进思想的倡导者、学术研究的开拓者、社会风尚的引领者、中国共产党执政的坚定支持者。

（五）坚持和加强党对哲学社会科学的全面领导

哲学社会科学事业是党和人民的重要事业，哲学社会科学战线是党和人民的重要战线。加强和改善党对哲学社会科学工作的全面领导，是出高质量成果、高水平人才，加快构建"三大体系"的根本政治保证。要树牢"四个意识"，坚定"四个自信"，坚决做到"两个维护"，坚定不移地在思想上政治上行动上同以习近平同志为核心的党中央保持高度一致，坚定不移地维护习近平总书记在党中央和全党的核心地位，坚定不移地维护党中央权威和集中统一领导，确保哲学社会科学始终围绕中心，服务大局；要加强政治领导和工作指导，尊重哲学社会科学发展规律，提高领导哲学社会科学工作本领，一手抓繁荣发展、一手抓引导管理；要认真贯彻党的知识分子政策，尊重劳动、尊重知识、尊重人才、尊重创造，做到政治上充分信任、思想上主动引导、工作上创造条件、生活上关心照顾，多为他们办实事、做好事、解难事；要切实贯彻百花齐放、百家争鸣方针，开展平等、健康、活泼和充分说理的学术争鸣，提倡不同学术观点、不同风格学派相互切磋、平等讨论；要正确区分学术问题和政治问题，不要把一般的学术问题当成政治问题，也不要把政治问题当作一般的学术问题，既反对打着学术研究旗号从事违背学术道德、违反宪法法律的假学术行为，也反对把学术问题和政治问题混淆起来、用解决政治问题的办法对待学术问题的简单化做法。

"群才属休明，乘运共跃鳞。"中国特色社会主义进入新时代，也是哲学社会科学繁荣发展的时代，是哲学社会科学工作者大有可为的时代。广大哲学社会科学工作者，要坚持以习近平新时代中国特色社会主义思想为指导，发愤图强，奋力拼搏，书写新时代哲学社会科学发展新篇章，为实现"两个一百年"奋斗目标、实现中华民族伟大复兴的中国梦做出新的更大贡献。

出版前言

　　党的十八大以来，以习近平同志为主要代表的中国共产党人，顺应时代发展，站在党和国家事业发展全局的高度，围绕坚持和发展中国特色社会主义，从理论和实践结合上系统回答了新时代坚持和发展什么样的中国特色社会主义、怎样坚持和发展中国特色社会主义这个重大时代课题，创立了习近平新时代中国特色社会主义思想。习近平新时代中国特色社会主义思想，内容丰富、思想深刻，涉及生产力和生产关系、经济基础和上层建筑各个环节，涵盖经济建设、政治建设、文化建设、社会建设、生态文明建设、党的建设以及国防和军队建设、外交工作等领域，形成了系统完整、逻辑严密的科学理论体系。习近平新时代中国特色社会主义思想是对马克思列宁主义、毛泽东思想、邓小平理论、"三个代表"重要思想、科学发展观的继承和发展，是马克思主义中国化的最新成果，是当代中国马克思主义、21 世纪马克思主义，是全党全国人民为实现"两个一百年"奋斗目标和中华民族伟大复兴而奋斗的行动指南。深入学习、刻苦钻研、科学阐释习近平新时代中国特色社会主义思想是新时代赋予中国哲学社会科学工作者的崇高使命与责任担当。

2015 年年底，为了深入学习贯彻落实习近平总书记系列重要讲话精神和治国理政新理念新思想新战略，中国社会科学出版社赵剑英社长开始策划组织《习近平总书记系列重要讲话精神和治国理政新理念新思想新战略学习丛书》的编写出版工作。中国社会科学院党组以强烈的政治意识、大局意识、核心意识、看齐意识，高度重视这一工作，按照中央的相关部署和要求，组织优秀精干的科研力量对习近平总书记系列重要讲话精神和治国理政新理念新思想新战略进行集中学习、深入研究、科学阐释，开展该丛书的撰写工作。

2016 年 7 月，经全国哲学社会科学工作办公室批准，《习近平总书记系列重要讲话精神和治国理政新理念新思想新战略学习丛书》的写作出版，被确立为国家社会科学基金十八大以来党中央治国理政新理念新思想新战略研究专项工程项目之一，由时任中国社会科学院院长、党组书记王伟光同志担任首席专家。国家社会科学基金十八大以来党中央治国理政新理念新思想新战略研究专项工程项目于 2016 年 4 月设立，包括政治、经济、文化、军事等 13 个重点研究方向。本课题是专项工程项目中唯一跨学科、多视角、全领域的研究课题，涉及除军事学科之外 12 个研究方向，相应成立了 12 个子课题组。

党的十九大召开之前，作为向十九大献礼的项目，课题组完成了第一批书稿，并报中央宣传部审批。党的十九大召开之后，课题组根据习近平总书记最新重要讲话和党的十九大精神，根据中宣部的审读意见，对书稿进行了多次修改完善，并将丛书名确立为《习近平新时代中国特色社会主义思想学习丛书》。

中国社会科学院院长、党组书记谢伏瞻同志对本课题的研究和丛书的写作、修改做出明确指示，并为之作序。王伟光同志作为课题组首席专家，主持制定总课题和各子课题研究的基本框架、要求和实施方案。中国社会科学院副院长、党组副书记王京清同志一直关心本丛书的研究和写作，对出版工作予以指导。中国社会科学院副院长蔡昉同志具体负责课题研究和写作的组织协调与指导。中国社会科学院科研局局长马援等同志，在项目申报、经费管理等方面给予了有力支持。中国社会科学出版社作为项目责任单位，在本丛书总策划，党委书记、社长赵剑英同志的领导下，以高度的政治担当意识和责任意识，协助院党组和课题组专家认真、严谨地做好课题研究管理、项目运行和编辑出版等工作。中国社会科学出版社总编辑助理王茵同志、重大项目出版中心主任助理孙萍同志，对项目管理、运行付出了诸多辛劳。

在三年多的时间里，课题组近一百位专家学者系统深入学习习近平同志在不同历史时期所发表的重要讲话和著述，深入研究、精心写作，召开了几十次的理论研讨会、专家审稿会，对书稿进行多次修改，力图系统阐释习近平新时代中国特色社会主义思想的时代背景、理论渊源、实践基础、主题主线、主要观点和核心要义，努力从总体上把握习近平新时代中国特色社会主义思想内在的理论逻辑和精神实质，全面呈现其当代中国马克思主义、21 世纪马克思主义的理论形态及其伟大的理论和实践意义，最终形成了总共约 300 万字的《习近平新时代中国特色社会主义思想学习丛书》，共 12 册。

（1）《开辟当代马克思主义哲学新境界》

（2）《深入推进新时代党的建设新的伟大工程》

（3）《坚持以人民为中心的新发展理念》

（4）《构建新时代中国特色社会主义政治经济学》

（5）《全面依法治国　建设法治中国》

（6）《建设新时代社会主义文化强国》

（7）《实现新时代中国特色社会主义文艺的历史使命》

（8）《生态文明建设的理论构建与实践探索》

（9）《走中国特色社会主义乡村振兴道路》

（10）《习近平新时代中国特色社会主义外交思想研究》

（11）《习近平新时代治国理政的历史观》

（12）《全面从严治党永远在路上》

习近平新时代中国特色社会主义思想博大精深、内涵十分丰富，我们虽已付出最大努力，但由于水平有限，学习体悟尚不够深入，研究阐释定有不少疏漏之处，敬请广大读者提出宝贵的指导意见，以期我们进一步修改完善。

最后，衷心感谢所有参与本丛书写作和出版工作的专家学者、各级领导以及编辑、校对、印制等工作人员。

《习近平新时代中国特色社会主义思想学习丛书》课题组

首席专家　王伟光

中国社会科学出版社

2019 年 3 月

目　　录

导　　论

　　建设生态文明是中华民族永续发展的千年大计、根本大计。习近平总书记在党的十九大报告中强调，必须树立和践行绿水青山就是金山银山的理念，建设美丽中国，为人民创造良好生产生活环境，为全球生态安全作出贡献。这一科学系统的生态文明思想，贡献了解决人类问题的中国智慧和中国方案，是习近平新时代中国特色社会主义思想的重要组成部分。

　　为从马克思主义整体性视角推动习近平生态文明思想研究，发展和完善立足中国、面向世界的生态文明建设理论体系和话语体系，适应生态文明转型时代新常态、新实践、新要求，中国社会科学院生态文明研究智库在开展"习近平生态文明思想研究"的基础上，形成了《生态文明建设的理论构建与实践探索》的成果，作为《习近平新时代中国特色社会主义思想学习丛书》之一付梓。这是生态文明建设理论研究具有里程碑意义的大事，是一份沉甸甸的历史责任。

　　本书着力于围绕新时代中国特色社会主义生态文明建设这个主题，深入学习研究阐释党的十八大以来尤其是党的十九大报告中习近平总书记和以习近平同志为核心的党中央提出的一系列事关生态文明建设、人类命运共同体建设的重大理论，深入系统地梳理阐释、概括提炼习近平生态文明思想的学理基础、理论体系、逻辑起点和方法论等方面，提炼出有学理性的新理论，概括出有规律性的新实践，为推进立足中国、放眼世界、面向《2030 年可持续发展议程》、落实《巴黎协定》提供促进人与自然和谐共生的理论体系、价值遵循和实践指导。笔者以"党的十八大以来"为重要时间节点，首先力求做到：忠实于习近平总书记关于生态文明重要论述的原话、原貌、原文；忠实于马克思、恩格斯自然辩证法著述的原话、原貌、原文；忠实于党的十八大以来以习近平同志为核心的党中央团结带领人民投身新时代中国特色社会主义生态文明建设所取得的理论与实践成果的基本共识、一般主张。其次力求反映：社会主义生态文明走向新时代的新态势；经济社会发展进入新常态的新路径、新特征；马克思主义历久弥新的新活力。最后力求构建：以习近平生态文明思想的重要科学论断为基石的理论体系。

　　《生态文明建设的理论构建与实践探索》共十章。其中，第一章，开宗明义，指出生态文明建设是新时代的事，是工业文明发展到一定历史阶段的产物，是人类文明发展的历史趋势，同时更是事关"五位一体"中国特色社会主义事业总体布局、"四个全面"战略布局、实现中华民族伟大复兴中国梦的大事。着重说明，在我国发展新的历史方位——中国特色社会主义新时代，针对人民日益增长的美好生活需要和不平衡不充分的发展之间的矛盾这一我国社会的主要矛盾，尊重自然、顺应自然、保护自然，构建人与自然和谐共生的生命共同体，适应生态文明"新"时代的"新要求"。

　　第二章至第九章，坚持习近平生态文明思想重大理论研究和科学论断的阐述阐释，更好地发挥经济学的理论借鉴，从"绿水青山就是金山银山"（第二章）、"环境就是民生，环境就是生产力"（第三章）、"守住生态与发展两条底线"（第五章）、"走生态优先、绿色发展之路"（第六章）、"科学规划，一张蓝图绘到底"（第八章）等视角，旨在阐明生态文明建设与经济建设如何内在融合的课题；从"为生态文明建设提供法治和制度保障"（第七章）视角，旨在阐明生态文明建设如何围绕融入政治建设，如何在"法治中国""国家治理"等范畴推动形成人与自然和谐共生的现代化建设新格局的课题；"促进人与自然的和谐共生"（第四章）旨在从经济、文化与生态文明融合的视角，阐明如何认识文化的力量、文化的软实力作用，要求更加重视中华文明传统的生态智慧，在当代中国，培育和弘扬社会主义核心价值的生态文明观，建设生态文明；"建设绿色家园，坚持推动构建人类命运共同体"（第九章）旨在说明以习近平同志为核心的党中央，深入思考中国的发展与世界的关系问题，以及发挥与中国作为发展中大国地位相适应的作用，积极参与贡献并引领全球生态文明转型进程、强力推进绿色增长，担负构建人类命运共同体的大国责任。

　　第十章阐述了习近平生态文明思想的理论体系，是至关重要的理论成果。它一方面再次总结和强调了习近平生态文明思想确立的社会主义生态文明建设的若干基本科学论断，又拓展至习近平生态文明思想的体系性、系统性、历史性、传承性和现代性，从而使我们内心能够深切地体会到以习近平同志为核心的党中央在21世纪就生态文明建设作出了何等深邃的思想阐发。

这里特别说明：《生态文明建设的理论构建与实践探索》从走向社会主义生态文明新时代、经济社会发展进入新常态的社会主义生态文明建设新的历史阶段出发，着重学习、研究和阐述了党的十八大以来习近平总书记就生态文明建设所作的重要论述、发表的一系列重要讲话。但应当看到，习近平生态文明思想本身经历了不断丰富、发展和完善的过程，也经历了在实践建设中从自然孕育走向成熟的过程。比如，著名的"生态兴则文明兴，生态衰则文明衰"的科学论断，早在2003年，时任浙江省委书记的习近平在《求是》上发表的《生态兴则文明兴——推进生态建设、打造"绿色浙江"》一文中即有所论述。在该文中，习近平同志即指出生态环境建设是"保护和发展生产力的客观需要""经济社会发展的基础""社会文明进步的重要标志"。在2005年，时任浙江省委书记的习近平就提出了"绿水青山就是金山银山"的科学论断（在《从"两座山"看生态环境》一文中即有深刻论述）。《生态文明建设的理论构建与实践探索》一书的逻辑架构、写作的情感纽带，是建立在对习近平生态文明思想的历史脉络全面梳理、全面学习基础之上的。

习近平总书记指出："这是一个需要理论而且一定能够产生理论的时代，这是一个需要思想而且一定能够产生思想的时代。"① 学习好、贯彻好、落实好习近平生态文明思想，全面、准确、系统、科学学习与研究习近平生态文明思想的时代背景、思想内涵、精神实质和实践要求，以习近平生态文明思想为根本遵循、精神支撑和行动指南，着力增强全社会建设生态文明的思想认同、理论认同、情感认同，着力增强全社会建设生态文明的道路自信、理论自信、制度自信、文化自信，既是走向社会主义生态文明新时代、建设生态文明，实现中华民族伟大复兴的战略需要，也是生态文明理论工作者更好地学习、研究和把握习近平生态文明思想所应具有的无愧于党、无愧于人民、无愧于历史的责任担当与光荣使命。

引领世界转型发展的中国生态文明建设征程，将在2020 年实现全面建成小康社会、实现第一个百年奋斗目标的基础上，再奋斗十五年，基本实现社会主义现代化；到本世纪中叶，建成富强民主文明和谐美丽的社会主义现代化强国。中国的现代化，是人与自然和谐共生的现代化；社会主义现代化强国，生态兴，格局新，伟业千秋。习近平生态文明思想，凝聚了东方哲学的伟大智慧，闪烁着马克思主义的思想光辉。对习近平生态文明思想的研究和理论构建，是本书作者团队站在巨人肩膀上所作的重大尝试。限于笔者水平，思想境界和理论视野尚需进一步提升，恳请社会各界同人不吝赐教，批评指正。

---

① 习近平：《在哲学社会科学工作座谈会上的讲话》，人民出版社 2016 年版，第 8 页。

第一章

生态文明新时代的科学认知和理论体系

党的十九大报告指出：十八大以来，国内外形势变化和我国各项事业发展都给我们提出了一个重大时代课题，这就是必须从理论和实践结合上系统回答新时代坚持和发展什么样的中国特色社会主义、怎样坚持和发展中国特色社会主义，包括新时代坚持和发展中国特色社会主义的总目标、总任务、总体布局、战略布局和发展方向、发展方式、发展动力、战略步骤、外部条件、政治保证等基本问题。[①] 党的十九大报告还指出：建设生态文明是中华民族永续发展的千年大计。必须树立和践行绿水青山就是金山银山的理念，坚持节约资源和保护环境的基本国策，像对待生命一样对待生态环境，统筹山水林田湖草系统治理，实行最严格的生态环境保护制度，形成绿色发展方式和生活方式，坚定走生产发展、生活富裕、生态良好的文明发

---

① 习近平：《决胜全面建成小康社会　夺取新时代中国特色社会主义伟大胜利——在中国共产党第十九次全国代表大会上的报告》，人民出版社 2017 年版，第 18 页。

展道路，建设美丽中国，为人民创造良好生产生活环境，为全球生态安全作出贡献。① "怎样认识生态文明，为什么建设生态文明，如何建设生态文明"，既是生态文明建设理论体系需要系统回答的时代课题，也是事关生态文明建设发展阶段、基本地位、战略举措、建设使命、发展目标等基本认知的根本性、系统性问题。党的十八大以来，习近平总书记把握时代和实践新要求，着眼人民群众新期待，就生态文明建设作出了一系列重要论述，形成了系统完整的习近平生态文明思想，从理论和实践结合上系统地揭示了新时代社会主义生态文明建设理论和实践的全景全貌，是不断巩固和深化人与自然和谐发展现代化建设新格局新的政治宣言和行动指南。

一　生态文明是人类文明发展的历史趋势

"文明"与"蒙昧""野蛮"相对应，是指人类社会发展中的进步状态，是人类社会发展到高级阶段的产物。它的主要标志是：第一，文字的发明。美国学者摩尔根说："认真地说来，没有文字记载就没有历史，也就没有文明。"② 第二，铁的冶炼和铁器的使用。恩格斯就此指出，"一切文化民族都在这个时期经历了自己的英雄时代：

---

① 习近平：《决胜全面建成小康社会　夺取新时代中国特色社会主义伟大胜利——在中国共产党第十九次全国代表大会上的报告》，人民出版社 2017 年版，第 23—24 页。

② ［美］路易斯·亨利·摩尔根：《古代社会》，杨东莼、马雍、马巨译，商务印书馆 1997 年版，第 30 页。

铁剑时代，但同时也是铁犁和铁斧的时代。铁已在为人类服务"①。他又说，"从铁矿石的冶炼开始，并由于拼音文字的发明及其应用于文献记录而过渡到文明时代"②。

基于生产方式的阶段性特征，人类的文明形态已经经历了原始文明、农业文明和工业文明三个阶段。

原始文明阶段，人类完全依靠大自然赐予或以直接利用自然物作为人的生活资料，狩猎采集是最重要的生产劳动，火、石器、弓箭是重要的谋生工具，燧人氏发明的"堆木造火，钻燧取火"的方法被推广开来，人类从此逐渐告别茹毛饮血的时代，进入吃熟食的时代。因而，在蒙昧的原始时代，人与自然没有决然的界限，人基本上以动物的生存方式适应自然，过着如动物一样茹毛饮血的生活。马克思对此作过阐述，他说："动物实际生活中唯一的平等形式，是同种动物之间的平等；这是这个种本身的平等，但不是属的平等。动物的属只在不同种动物的敌对关系中表现出来，这些不同种的动物在相互的斗争中来确立自己的特别的属性。自然界在猛兽的胃里为不同种的动物设立了一个结合的场所、合并的熔炉和相互联系的联络站。"③ 经过与自然界进行长期艰苦卓绝的斗争，随着人对自然的胜利，人类才把自己同动物和自然界分离出来，"明于天人之分"，并逐步产生以自我为中心的自觉意识。

---

① 《马克思恩格斯选集》第 4 卷，人民出版社 1995 年版，第 163 页。

② 同上书，第 22 页。

③ 《马克思恩格斯全集》第 1 卷，人民出版社 1956 年版，第 142—143 页。

但整体看，人只是被动地适应自然，日出而作，日落而息，靠天吃饭，盲目地崇拜自然、顺从自然，对自然生态没有任何实质性的破坏和威胁，并且处处受自然界的束缚，形成了简朴的原始文明意识。

农业文明阶段，人类主要的生产活动是农耕和畜牧，青铜器、陶器和铁器的使用，特别是铁器农具的使用使人类生产活动开始主动转向生产力发展的领域，开始探索获取最大劳动成果的途径和方法。与此同时，人类为了自身生存与发展的需要，主动发起了对地球的挑战，开始了自觉和不自觉地征服和改造自然的过程。然而，自然界也开始了对人类的报复，旱灾、涝灾、山洪、风沙等自然报复不断，但并没有从根本上威胁到人类的生存与发展的进程。

工业文明阶段，18 世纪 80 年代，以珍妮纺纱机和瓦特蒸汽机的使用为标志的英国工业革命，开创了机器大生产的生产方式。马克思就此指出：蒸汽磨产生的是工业资本家的社会。在人类历史上，摩擦取火是把机械运动转化为热，蒸汽机的发明和使用又把热转化为机械运动，这是人类认识和利用自然力的巨大变革，是物质生产开始进入机械化时代的标志。正因如此，恩格斯称：蒸汽机是第一个真正的国际性发明。资产阶级通过机器大工业的发展，以机器制造为基础，扩展到采矿业、能源和原材料生产、石油和石油化工业、冶金和金属加工业、汽车飞机制造等交通运输业、建筑业、医疗和服务业等产业，促进人类跨入机械化、自动化、电气化和现代化时代，创造了巨大的物质财富的现代社会生活，形成了以"人是自然的主人"

为哲学基础的工业文明。它强调人类对自然的征服，以人类中心主义的姿态对地球立法、为世界定规则，"产生了以往人类历史上任何一个时代都不能想象的工业和科学的力量"①。

但诚如马克思指出的："资本主义生产一方面神奇地发展了社会的生产力，但是另一方面，也表现出它同自己所产生的社会生产力本身是不相容的。它的历史今后只是对抗、危机、冲突和灾难的历史。"② 20 世纪中叶前后的二三十年间，在世界范围内，震惊世界的环境污染事件频繁发生。其中最严重的有八起污染事件，史称"八大公害"。典型的如，1948 年 10 月的美国多诺拉事件，多诺拉镇大气中的二氧化硫以及其他氧化物与大气烟尘共同作用，生成硫酸烟雾，使大气严重污染，4 天内 42% 的居民患病，17 人死亡；1952 年 12 月的英国伦敦烟雾事件导致4000 多人死亡；1955—1968 年长达十多年的日本富山"痛痛病"事件，生活在日本富山平原地区的人们，由于饮用了含镉的河水和食用了含镉的大米，死亡者达 200多人。

300 年来，工业文明在它人定胜天核心价值观的指导下，对生产工具和生产方式进行根本性变革，实现了生产力各要素中最具革命性要素的变革。整个工业文明社会，

---

① 《马克思恩格斯选集》第 1 卷，人民出版社 1995 年版，第774 页。

② 《马克思恩格斯全集》第 19 卷，人民出版社 1963 年版，第 443 页。

社会化大生产就像一台巨大的机器，日夜不停地产生出令人生畏的能量，创造出超越有人类以来数以亿万倍的物质财富，却也制造出日复一日、积重难返的人与自然关系的高度紧张。近半个世纪以来，西方发达国家进行严格的环境保护立法和执法，以巨大的资金和科学技术投入建设规模庞大的环保产业，对废物进行净化处理；也通过高端产业升级和低端产业向发展中国家转移，形成了所谓"局部有所改善"，或者自诩的环境良好优越感。但是，环境问题，当它以生态系统的形式表现出来时，局部行动和局部改善，就显得毫无成效。当今时代，人类正在逼近环境恶化的"引爆点"，不仅发生了区域性的环境污染和大规模的生态破坏，而且出现了臭氧层破坏、酸雨、物种灭绝、土地沙漠化、森林衰退、越境污染、海洋污染、野生物种锐减、热带雨林减少、土壤侵蚀等大范围的和全球性的生态危机，严重威胁着全人类的生存和发展。其中原因，从技术层面分析，把本应统一的生产过程分割为相对独立的两部分：一部分设备进行产品生产，另一部分设备进行废弃物净化处理。实践表明，净化设施的生产、建设和运转不仅需要巨大的投资，而且面源污染处理难度很大，还会造成资源能源二次消耗和二次环境污染。从伦理层面分析，人类共同享有一个地球家园。为了追求资本最大利润，只管西半球，不管东半球；只管北半球，不管南半球，这是不公正的，也是不道义的。习近平总书记深刻指出："许多国家，包括一些发达国家，都经历了'先污染后治理'的过程，在发展中把生态环境破坏了，搞了一堆没有价值甚至是破坏性的东西。再补回去，成本比当初创造的财富还要多。"① 要解决这种基本矛盾，克服全面危机，实现永续发展，就必须抓好生态文明建设。"走美欧老路是走不通的。"② 我们建设现代化国家，需要建设超越工业文明的生态文明。这是一种社会全面转型，是一种光荣的历史使命。

生态化生产方式的兴起是现代科学技术革命发展的必然结果。科学技术已经成为现代生产力发展和经济增长的第一要素。传统工业经济生产力发展和经济增长主要靠劳动力、资本和自然资源的投入。现代社会，以生态技术、循环利用技术、系统管理科学和复杂系统工程、清洁能源和环保产业技术等日益成为生产力发展和经济增长的决定性要素。我国杰出的科学家钱学森从整个人类社会发展的大跨度上，将当时已经出现的以信息产业技术为核心的新技术革命界定为第五次产业革命，提出第五次产业革命的核心就是信息问题，我们不但要迎接第五次产业革命，而且要为第四次产业革命补课，要预见到第六次产业革命③。

纵观人类文明形态的历史演进，每一次生产方式的大发展、大变革，都遵循和伴随着文明与生态的更替规律、历史交融和自然转换。习近平总书记深刻地指出："历史地看，

---

① 《习近平总书记系列重要讲话读本》，人民出版社、学习出版社 2014 年版，第 124 页。

② 同上书，第 125 页。

③ 参见钱学森《运用现代科学技术实现第六次产业革命——钱学森关于发展农村经济的四封信》，《生态农业研究》1994 年第 3 期。

生态兴则文明兴，生态衰则文明衰。"① 古今中外，这方面的事例众多。恩格斯在《自然辩证法》一书中深刻指出："我们不要过分陶醉于我们人类对自然界的胜利。对于每一次这样的胜利，自然界都对我们进行报复"②，"美索不达米亚、希腊、小亚细亚以及其他各地的居民，为了得到耕地，毁灭了森林，但是他们做梦也想不到，这些地方今天竟因此而成为不毛之地"③。作为西亚最早文明的美索不达米亚文明（又称两河流域文明）渐渐为沙尘掩埋，最后被人们所遗忘。历史的教训值得深思。当今时代，环境污染、生态破坏、资源短缺，亦是威胁人类生存的全球公害。我们在生态环境方面欠账太多了，如果不从现在起就把这项工作紧紧抓起来，将来付出的代价会更大。中华民族具有五千多年连绵不断的文明历史，为人类文明进步作出了不可磨灭的贡献。我们一定要遵循生态与文明发展的历史规律，大力推进生态文明建设，对中华文明负责，对人类文明负责。

二 社会主义生态文明是人类文明 发展的新形态

社会主义社会是全面发展、全面进步的社会。在党的

---

① 习近平：《在十八届中央政治局第六次集体学习时的讲话》（2013 年 5 月 24 日），载《习近平关于社会主义生态文明建设论述摘编》，中央文献出版社 2017 年版，第 6 页。

② 《马克思恩格斯选集》第 4 卷，人民出版社 1995 年版，第 383 页。

③ 同上。

十九大确定的中国特色社会主义进入新时代，近代以来久经磨难的中华民族迎来了从站起来、富起来到强起来伟大飞跃的历史时刻，作为党和国家领导事业核心的中国共产党，从来没有像今天这样，努力"更好满足人民在经济、政治、文化、社会、生态等方面日益增长的需要，更好推动人的全面发展、社会全面进步"①，实现"我国物质文明、政治文明、精神文明、社会文明、生态文明将全面提升"②。马克思主义认为，人类社会是一个由各个部分相互联系和交互作用而组合构成的社会有机体，并且不断地从较低的层次向更高的层次发展变化，是受一定规律支配的自然历史过程。社会主义社会正是这样的社会有机体，是人与自然、人与社会、人与生态的和谐共生的社会，是社会系统和自然系统以及社会系统内部所包含的不同领域相互适应、相互促进、共同发展的社会发展形态，是经济、政治、文化、生态相互协作、相互推动、相互配合、相互影响而形成的社会发展形态。在这里，经济建设提供物质基础，政治建设提供政治保障，文化建设提供精神动力和智力支持，社会建设提供有利的社会环境和条件，生态文明建设提供生存基础和条件。

　　党的十八大以来，习近平总书记就生态文明与社会主义关系范畴提出了崭新的科学论断。即：建设生态文明是

---

　　①　习近平：《决胜全面建成小康社会　夺取新时代中国特色社会主义伟大胜利——在中国共产党第十九次全国代表大会上的报告》，人民出版社 2017 年版，第 11—12 页。

　　②　同上书，第 29 页。

实现中国特色社会主义建设事业"五位一体"总体布局的重要内容；建设生态文明是党中央治国理政总方略——"四个全面"战略布局的重要内容；建设生态文明是实现中华民族伟大复兴中国梦的重要内容；建设富强民主文明和谐美丽的社会主义现代化强国。可以说，"五位一体"总体布局论凸显了生态文明建设的战略地位、如何认识社会主义生态文明建设的问题；"四个全面"战略布局论凸显了生态文明建设的战略举措及怎样建设生态文明的问题；"中国梦"伟大愿景论凸显了生态文明建设的历史使命、为什么建设生态文明的问题；建设富强民主文明和谐美丽的社会主义现代化强国，既表明生态文明建设在社会主义现代化建设总目标中的应有地位，又极大凸显出生态文明建设的伟大目标、实现愿景。

（一）中国特色社会主义事业"五位一体"总体布局的重要内容

党的十八大以来，以习近平同志为核心的党中央，着眼于社会主义初级阶段总依据、实现社会主义现代化和中华民族伟大复兴总任务的有机统一，反复强调坚持包括生态文明建设在内的"五位一体"中国特色社会主义事业总体布局，要求从源头上扭转生态环境恶化趋势，为人民创造良好生产生活环境，努力建设美丽中国，实现中华民族永续发展。对于把生态文明建设纳入"五位一体"中国特色社会主义事业的战略意义，习近平总书记指出："党的十八大把生态文明建设纳入中国特色社会主义事业五位一体总体布局，明确提出大力推进生态文明建设，努力建设美丽中国，实现中华民族永续发展。这标志着我们对中国特色社会主义规律认识的进一步深化，表明了我们加强生态文明建设的坚定意志和坚强决心。"①

社会主义与生态文明具有高度一致性。生态文明的提出，是建立在马克思主义完整、科学地把握人类社会整体历史进程的基础上的，是内在地、逻辑地统一于社会主义的本质之中的。社会主义生态文明源自社会主义经济、政治建设与生态文明建设的内在一致性，源自社会主义能最大限度地遵循人和自然、社会之间的和谐发展规律。正如马克思所说："这种共产主义，作为完成了的自然主义，等于人道主义，而作为完成了的人道主义，等于自然主义，它是人和自然界之间、人和人之间的矛盾的真正解决，是存在和本质、对象化和自我确证、自然和必然、个体和类之间的斗争的真正解决。"② 社会主义生态文明代表了人类文明发展的新形态。社会主义的本质使社会主义具有超越资本主义的力量。在社会主义社会中，代表人民掌权的党和政府，不是任何一个利益集团的代表，而是代表了全体人民的根本利益。社会主义超越了具体利益、眼前利益和局部利益，站在人类文明发展的长远角度和高度，将团结、引导和带领最广大的人民群众，共赴人类社会的美好前程。

---

① 《习近平总书记系列讲话精神学习问答》，中共中央党校出版社 2013 年版，第 133 页。

② 《马克思恩格斯文集》第 1 卷，人民出版社 2009 年版，第 185 页。

实践是人所特有的对象性活动，是人类的生存方式。马克思认为，正是因为融入了实践因素，自然也成为社会的、历史的自然即人化的自然。当前我国在发展中面临的主要矛盾，恰如党的十九大报告所指出，是人民日益增长的美好生活需要和不平衡不充分的发展之间的矛盾。这其中经济社会发展与人口资源环境压力加大之间的矛盾，现在越来越突出。把生态文明建设纳入中国特色社会主义事业"五位一体"总体布局，就是对解决这一矛盾的战略考量。改革开放以来，我国坚持以经济建设为中心，推动经济快速发展。在这个过程中，我们强调可持续发展，重视节能减排、环境保护工作。但也有一些地方、一些领域没有处理好经济发展同生态环境保护的关系，以无节制地消耗资源、破坏环境为代价换取经济发展，导致能源资源短缺、生态环境问题越来越突出。比如，能源资源约束强化，石油等重要资源的对外依存度快速上升；耕地逼近18亿亩红线，水土流失、土地沙化、草原退化情况严重；一些地区由于盲目开发、过度开发、无序开发，已经接近或超过环境承载能力的极限；全国一些地区持续遭遇雾霾袭击，大气污染、水污染、土壤污染等各类环境污染呈高发态势；等等。这种状况不改变，能源资源将难以支撑、生态环境将不堪重负，反过来必然给经济可持续发展带来严重影响，我国发展的空间和后劲将越来越小。

前文所述的发生在20世纪西方国家的"八大公害"事件，对生态环境和公众生活都造成巨大影响。有些国家和地区，像重金属污染区，水被污染了，土壤被污染了，到了积重难返的地步。西方传统工业化的迅猛发展在创造巨大物质财富的同时，也付出了十分沉重的生态环境代价，教训极为深刻。中国是一个发展中的大国，建设现代化国家，走欧美"先污染后治理"的老路行不通，应探索一条环境保护新路。

总之，生态文明建设与经济建设、政治建设、文化建设、社会建设，构成"五位一体"的总体格局，这是由经济建设、政治建设、文化建设和社会建设构成的中国特色社会主义事业总体布局对传统格局的质的跨越，使生态文明建设在中国特色社会主义建设总体布局中的战略地位发生了根本性和历史性的变化。它表明，建设中国特色社会主义，既要整体推进社会主义经济建设、政治建设、文化建设、社会建设和生态文明建设，又要在整体推进中全面贯彻生态文明建设的突出性地位，强化协同创新，坚定不移地促进社会主义物质文明、政治文明、精神文明、社会文明和生态文明的协调发展，丰富和完善中国特色社会主义事业总体布局。

（二）中国特色社会主义建设事业"四个全面"战略布局的重要内容

习近平总书记指出：建设生态文明是"四个全面"战略布局的重要内容。总布局是回答社会主义是什么的问题，总战略是解决如何建设社会主义的问题。"四个全面"战略，既是战略目标、发展目标，也是战略举措、战略抓手。从逻辑关系来讲，全面建成小康社会是党的十八大提出的总目标，全面深化改革、全面推进依法治国是"一体两翼"，全面从严治党则是领导核心。每一个全面又无不涵盖生态文明建设，也无不体现生态文明建设的内在要求、建设目标。

一是全面建成小康社会，着力体现"小康不小康，生态环境是关键"。生态环境质量是衡量小康社会建设的一个非常重要的砝码。不能说经济硬性发展了，人民群众软性、弹性的生活质量就下降了。从近年来一些突出的环境问题给人民群众生产生活、身体健康带来严重的影响和损害后果来看，传统意义上所说的"生产发展、生态良好、生活幸福"还要加上"生命健康"，走"四生共赢"的文明发展之路，才是一种可持续的生活方式，是一种更高级别的更符合小康社会基本要义特征的社会文明结构。

二是全面深化改革，把生态文明纳入体制机制建设轨道。建设生态文明，必须建立系统完整的生态文明制度体系，用制度保护生态环境。习近平总书记强调，要深化生态文明体制改革，尽快把生态文明制度的"四梁八柱"建立起来，把生态文明建设纳入制度化、法治化轨道。党的十八大以来，一系列涵盖并体现生态文明要求的目标体系、考核办法、奖惩机制，国土空间开发保护制度、耕地保护制度、水资源管理制度、环境保护制度、资源有偿使用制度、生态补偿制度和环境损害赔偿制度等一系列生态文明制度性安排文件相继出台，如《生态文明建设目标评价考核办法》《关于设立统一规范的国家生态文明试验区的意见》《关于全面推行河长制的意见》等。这都是以全面深化改革、引领生态文明建设的体制、机制变革，意义非常深远，体现了以习近平同志为核心的党中央深刻的变革意识和历史担当。

三是全面依法治国，用最严格的制度、最严密的法治为生态文明建设提供法治保障。近年来，《中华人民共和国环境保护法》《中华人民共和国大气污染防治法》《中华人民共和国水污染防治法修正案（草案）》《中华人民共和国环境保护税法》《最高人民法院、最高人民检察院关于办理环境污染刑事案件适用法律若干问题的解释》等一系列法律法规、法律解释的实施、新修订和新说明，体现了以习近平同志为核心的党中央，以全面依法治国为引领，不断推进生态文明建设科学立法、严格执法、公正司法、全民守法的法治自觉。

四是全面从严治党，彻底扭转政绩观，为人民群众提供最公平的生态公共产品和最普惠的民生福祉。加强和改善党对生态文明建设工作的领导，扭转过去一度唯 GDP 主义的政绩观，要着力发挥好评价考核"指挥棒"的作用。如《生态文明建设目标评价考核办法》，坚持评价与考核相结合，评价重在引导，在指标体系中提高了生态环境质量、公众满意度等反映人民群众切身感受的权重；考核重在约束和奖惩，将其结果作为党政领导班子和领导干部综合评价、奖惩任免的重要依据。这对于形成党政领导一岗双责、党政领导与部门联动的新政绩观，引导和督促各级党政领导干部自觉推进生态文明建设，起到了非常重要的导向作用。

（三）建设生态文明是实现中华民族伟大复兴中国梦的重要内容

习近平总书记指出："走向生态文明新时代，建设美丽中国，是实现中华民族伟大复兴中国梦的重要内容。"①
实现中华民族伟大复兴的中国梦，是全党和全国人民的夙
愿与共同追求。现在，我们比历史上任何时期都更接近中
华民族伟大复兴的目标、比历史上任何时期都更有信心也
有能力实现这个目标。党的十八大指出到中国共产党成立
100 年时全面建成小康社会，到 2020 年在重要领域和关键
环节改革上取得决定性成果；党的十九大又指出：从十九
大到二十大，是"两个一百年"奋斗目标的历史交汇期。
我们既要全面建成小康社会、实现第一个百年奋斗目标，
又要乘势而上开启全面建设社会主义现代化国家新征程，
向第二个百年奋斗目标进军。② 这不仅意味着中国越来越
成为各方面制度更加完善、社会更加充满活力的国家，而
且意味着中国越来越成为对外更加开放、更加具有亲和
力、为人类文明作出更大贡献的国家。社会主义生态文
明，是人类文明史上一次全方位的变革，需要一种从价值
到文化、从经济到政治的全面创新与全方位探索。生态文
明建设搞不好，势必影响中国梦的实现。中国梦强调对中
华民族五千多年悠久文明的历史传承，这种理念终将促使
当代中国和世界生态文明建设向中华文明、向中华传统生
态智慧和思想的复归；中国梦探寻近代 170 多年来中华民

---

① 习近平：《致生态文明贵阳国际论坛二〇一三年年会的贺
信》（2013 年 7 月 18 日），载《习近平关于实现中华民族伟大复兴
的中国梦论述摘编》，中央文献出版社 2013 年版，第 8 页。

② 习近平：《决胜全面建成小康社会　夺取新时代中国特色
社会主义伟大胜利——在中国共产党第十九次全国代表大会上的报
告》，人民出版社 2017 年版，第 28 页。

族从列强横行到赢得独立解放的非凡历史，这种理念要求我们深切感受因饱受屈辱、久经战乱、满目疮痍、山河破碎而导致的中华传统生态文明理念的历史断裂和历史阵痛，要求我们淡定而理性地看待中国生态文明建设的曲折性、复杂性和艰难性。今天，中国梦把生态文明建设作为其梦想照进现实的重要内容，昭示一个以尊重自然、顺应自然、保护自然为文明传统的中华民族的伟大复兴，也必然更容易赢得其他民族在观念上的尊重、情感上的亲近和行动上的支持。

（四）建成富强民主文明和谐美丽的社会主义现代化强国

党的十九大报告首次将"美丽"作为新时代社会主义现代化建设的重要目标写入党代会报告，并在多处强化了"富强民主文明和谐美丽"这一社会主义现代化建设整体目标。报告在第一部分，即"过去五年的工作和历史性变革"中指出：为把我国建设成为富强民主文明和谐美丽的社会主义现代化强国而奋斗。报告在第三部分，即"新时代中国特色社会主义思想和基本方略"中又指出：新时代中国特色社会主义思想，明确坚持和发展中国特色社会主义，总任务是实现社会主义现代化和中华民族伟大复兴，在全面建成小康社会的基础上，分两步走在本世纪中叶建成富强民主文明和谐美丽的社会主义现代化强国。报告在第四部分，即"决胜全面建成小康社会，开启全面建设社会主义现代化国家新征程"中又一次指出：第二个阶段，从二〇三五年到本世纪中叶，在基本实现现代化的基础上，再奋斗十五年，把我国建成富强民主文明和谐美丽的社会主义现代化强国。①

回顾历史，社会主义建设的目标，从 1987 年党的十三大报告确定"为把我国建设成为富强、民主、文明的社会主义现代化国家而奋斗"的目标开始，至 2007 年党的十七大报告确定"建设富强民主文明和谐的社会主义现代化国家"目标，30 年间，这个目标在整体上坚持了物质文明、政治文明和精神文明的内在统一。建成富强民主文明和谐美丽的社会主义现代化强国，极大地凸显出生态文明、美丽中国、人与自然和谐对中国特色社会主义事业总体布局新的拓展，是统筹推进"五位一体"总体布局、协调推进"四个全面"战略布局的必然要求，显示出生态文明建设在实现中华民族伟大复兴进程中的应有目标和发展动力。换言之，实现中华民族伟大复兴中国梦，也一定是实现中华民族伟大复兴的美丽中国梦。

三　社会主义生态文明建设的理论体系

习近平总书记高度重视生态文明建设。党的十八大以来，习近平总书记就生态文明、生态文明建设发表了一系列重要讲话，作了大量专门论述和重要批示，提出了许多充满哲学思辨、经济理性、人文情怀、全球视野的崭新科

---

① 习近平：《决胜全面建成小康社会　夺取新时代中国特色社会主义伟大胜利——在中国共产党第十九次全国代表大会上的报告》，人民出版社 2017 年版，第 29 页。

学论断，以深情、朴实的言语，清新、自然的文风，深邃、厚重的思想，以习近平生态文明思想深刻地回答了我国和当今世界生态文明建设发展面临的一系列重大理论和现实问题，形成了事关生态文明建设基本内涵、为什么要建设生态文明、怎样建设生态文明的科学完整的理论体系，为走向社会主义生态文明新时代、实现中华民族伟大复兴美丽中国梦、推动生态文明人类命运共同体建设提供了科学指南。

习近平生态文明思想蕴含一系列走向社会主义生态文明新时代新的科学论断。比如，关于生态文明的基本理念，习近平总书记多次强调要牢固树立尊重自然、顺应自然、保护自然的生态文明理念，不断促进人与自然和谐发展；关于生态文明的发展规律，习近平总书记指出："历史地看，生态兴则文明兴，生态衰则文明衰"[1]；关于生态文明的政治经济学认知，习近平总书记明确指出："保护生态环境就是保护生产力、改善生态环境就是发展生产力"[2]，"我们既要绿水青山，也要金山银山。宁要绿水青山，不要金山银山，而且绿水青山就是金山银山"[3]；关于生态文明的发展阶段，习近平总书记指出："生态文明是

---

[1]　习近平：《在十八届中央政治局第六次集体学习时的讲话》（2013 年 5 月 24 日），载《习近平关于社会主义生态文明建设论述摘编》，中央文献出版社 2017 年版，第 6 页。

[2]　同上书，第 20 页。

[3]　习近平：《在哈萨克斯坦纳扎尔巴耶夫大学演讲时的答问》（2013 年 9 月 7 日），载《习近平关于社会主义生态文明建设论述摘编》，中央文献出版社 2017 年版，第 21 页。

人类社会进步的重大成果。人类经历了原始文明、农业文明、工业文明，生态文明是工业文明发展到一定阶段的产物，是实现人与自然和谐发展的新要求"①；关于生态文明与社会主义的关系范畴，习近平总书记指出：生态文明建设是"五位一体"总体布局和"四个全面"战略布局的重要内容；关于生态文明的实践路径，习近平总书记指出："把生态文明建设放在突出位置，融入经济建设、政治建设、文化建设、社会建设各方面和全过程"②；关于生态文明制度建设，习近平总书记指出："保护生态环境必须依靠制度、依靠法治。只有实行最严格的制度、最严密的法治，才能为生态文明建设提供可靠保障"③；关于生态文明与中华传统优秀文化，习近平总书记指出："我们中华文明传承五千多年，积淀了丰富的生态智慧"④；关于生态文明建设的现实动力，习近平总书记指出："要清醒认识保护生态环境、治理环境污染的紧迫性和艰巨性，清醒认识

① 习近平：《在十八届中央政治局第六次集体学习时的讲话》（2013 年 5 月 24 日），载《习近平关于社会主义生态文明建设论述摘编》，中央文献出版社 2017 年版，第 6 页。

② 《把生态文明建设放在突出位置——五论认真贯彻落实习近平总书记视察广东重要讲话精神》，《南方日报》2012 年 12 月 19 日 F02 版。

③ 习近平：《在十八届中央政治局第六次集体学习时的讲话》（2013 年 5 月 24 日），载《习近平关于全面深化改革论述摘编》，中央文献出版社 2014 年版，第 104 页。

④ 习近平：《习近平系列重要讲话读本：绿水青山就是金山银山——关于大力推进生态文明建设》，《人民日报》2014 年 7 月 11 日第 12 版。

加强生态文明建设的重要性和必要性"①；关于生态文明建设的历史使命，习近平总书记指出："生态文明建设是关系人民福祉、关乎民族未来的根本大业，是实现中华民族伟大复兴中国梦的重要内容"②；关于生态文明建设的全球治理，习近平总书记指出："必须从全球视野推动和加强生态文明建设"③，"成为全球生态文明建设的重要参与者、贡献者、引领者"④。恩格斯指出："这是一次人类从来没有经历过的最伟大的、进步的变革，是一个需要巨人而且产生了巨人——在思维能力、热情和性格方面，在多才多艺和学识渊博方面的巨人的时代。"⑤ 综观习近平生态文明思想的全部科学论断，由远及近，由近及远；由历史到现在，由现在到未来；由古人到今人，由今人到后人；由国内到国际，由国际到国内，以开放的视野和博大的胸怀，反映了习近平总书记对大自然真挚的爱、持续的创作热情和渊博的生态学说。

习近平生态文明思想是科学完整的理论体系。新的理

---

① 《习近平总书记系列讲话精神学习问答》，中共中央党校出版社 2013 年版，第 133 页。

② 《深入领会习近平总书记重要讲话精神（上）》，人民出版社 2014 年版，第 265 页。

③ 《中共中央政治局会议审议通过〈关于加快推进生态文明建设的意见〉》，新华社，2015 年 3 月 24 日。

④ 习近平：《决胜全面建成小康社会　夺取新时代中国特色社会主义伟大胜利——在中国共产党第十九次全国代表大会上的报告》，人民出版社 2017 年版，第 6 页。

⑤ 《马克思恩格斯选集》第 3 卷，人民出版社 1972 年版，第 445 页。

论体系，是中国特色社会主义理论体系的重要组成部分，它坚持实践、理论、制度的紧密结合，既把成功的实践上升为理论，又以正确的理论指导新的实践，还把实践中已见成效的方针政策及时上升为党和国家的制度，由此形成了中国特色社会主义生态文明的道路建设、理论建设和制度建设。社会主义生态文明的道路建设是实现途径，归根结底，就是两点：一是立足当下，以供给侧结构性改革为主线，把生态文明融入社会主义经济建设、政治建设、文化建设和社会建设，以"融"定天下。二是面向未来，坚持新发展理念，坚持创新居首，不断推动和实现绿色发展、低碳发展、循环发展。

习近平生态文明思想是习近平新时代中国特色社会主义思想的重要组成部分，系统全面、科学完整地回答事关生态文明建设发展全貌的根本性问题。全面反映了以习近平同志为核心的党中央，团结带领全党全国各族人民，着眼不断提高生态文明建设水平，着眼人民群众生态环保需要新期待，战胜一系列重大挑战、大力推动生态文明建设取得新的重大成就的宝贵经验；全面反映了以习近平同志为核心的党中央，坚持以马克思列宁主义、毛泽东思想、邓小平理论、"三个代表"重要思想、科学发展观为指导，坚持把马克思主义人与自然基本学说、自然辩证法基本原理同当代中国生态文明建设实际和社会主义生态文明新时代特征相结合，创新性提出的重大理论成果。

习近平生态文明思想是马克思主义人与自然观、生态观在当代中国的最新发展，是马克思主义崭新的生态文明观、新的理论境界、新的话语体系。新的话语体系，实现了马克思、恩格斯关于人、自然、社会，人与自然、人与社会、自然与社会、"自在"自然与人化社会之间关系的真正统一。马克思主义自然辩证法是马克思主义的自然观和自然科学观的反映，体现马克思主义哲学的世界观、认识论、方法论的统一，是马克思主义哲学的一个重要组成部分。自然辩证法作为自然哲学的重要组成部分之一，它的发展离不开自然实践的发展。可以说，自然辩证法的发展同自然科学的发展紧密联系着，20 世纪自然科学的突飞猛进，极大地扩大和加深了人类对自然界的认识，远远超出了 19 世纪自然科学的眼界。20 世纪自然科学的发展已经在更加广阔的范围和更加深刻的程度上揭示了自然界的辩证法和自然科学的辩证法，使辩证法的许多基本观点由于有无数确凿的自然科学事实而在实际上为自然科学界所广泛接受。从本质上说，习近平生态文明思想同自然辩证法一样，都是一种学说体系。特别是发展和保护相统一的理念、绿水青山就是金山银山的理念所蕴含的自然价值和自然资本的理念、空间均衡的理念、山水林田湖是一个生命共同体的理念等，无不反映出习近平总书记对自然辩证法的熟稔和运用自如。也进而使习近平总书记关于生态文明建设新的科学论断和科学的理论体系，同习近平总书记关于经济建设、政治建设、文化建设、社会建设和党的建设的重要论述及其相关科学论断一样，一并构成习近平新时代中国特色社会主义思想的重要内容，并成为闪耀着马克思主义人与自然观真理光辉的生态文明建设独立篇章，既为新时代社会主义生态文明建设提供科学指南、根本遵循，也为指导《2030 年可持续发展议程》在全球落地生根提供"中国方案""东方智慧"。

（一）"什么是生态文明"的内涵体系

尊重自然、顺应自然、保护自然：生态文明的基本内涵。习近平总书记多次强调要"牢固树立尊重自然、顺应自然、保护自然的生态文明理念"①，从认识论、方法论和实践论上明确了生态文明的基本内涵，从根本上廓清了长期以来人们对生态文明基本内涵或云里雾里，或失之偏颇，或人为放小，或恣意放大的概念。尊重自然，就是要明确是自然孕育并哺育了人类，自然就是人类的生身父母、衣食父母。恰如恩格斯所指出："我们连同我们的肉、血和头脑都是属于自然界和存在于自然之中的"②；顺应自然，不按自然规律办事不行。正如马克思所说："不以伟大的自然规律为依据的人类计划，只会带来灾难。"③ 保护自然，是对自然环境和自然资源的保护。如果说尊重自然是认识的问题，顺应自然是方法的问题，今天，由于环境破坏、生态退化和资源约束趋紧引发的一系列经济、政治和社会发展不可持续问题，就是人类在实践上无以复加、肆意地摧残和掠夺自然而导致的恶果。习近平总书记指出："在生态环境保护问题上，就是要不能越雷池一步，

---

① 《深入学习习近平同志系列讲话精神》，人民出版社 2013 年版，第 106 页。

② 《马克思恩格斯选集》第 4 卷，人民出版社 1995 年版，第 384 页。

③ 《马克思恩格斯全集》第 31 卷，人民出版社 1972 年版，第 251 页。

否则就应该受到惩罚。"①

山水林田湖是一个生命共同体：马克思主义自然观发展的新境界和生态文明的理论基础。马克思、恩格斯创立了马克思主义的辩证唯物主义的自然观，但这一创立过程是艰苦的探索。在19世纪40年代创立马克思主义哲学的时候，马克思、恩格斯提出了辩证唯物主义自然观的一些基本思想，但是直到19世纪70年代中后期，恩格斯才在《劳动在从猿到人转变过程中的作用》中，集中而系统地阐发了马克思主义自然观。恩格斯本人就此曾作说明指出，力图"使自己在数学和自然科学方面来一次彻底的""脱毛"②。21世纪初，习近平总书记在建设生态文明、实现中华民族伟大复兴中国梦的历史征程中，形成了全新的人融于自然、自然优先于人类的科学论断：山水林田湖草是一个生命共同体。这是马克思所指出的人与自然关系中人是"站在稳固的地球上呼吸着一切自然力的人"③的新概括、新发展，它促使人类重新审视占据工业文明数百年历程的"人类中心主义"自然观，是马克思主义自然观的最新境界，显示出巨大的理论魅力，成为当代中国生态文明建设的理论基础和人文仰望。

---

① 习近平：《在十八届中央政治局第六次集体学习时的讲话》（2013年5月24日），载《习近平关于社会主义生态文明建设论述摘编》，中央文献出版社2017年版，第99页。

② 《马克思恩格斯选集》第3卷，人民出版社1995年版，第349页。

③ 《马克思恩格斯全集》第42卷，人民出版社1979年版，第167页。

生态兴则文明兴，生态衰则文明衰：文明史观范畴的生态文明运行规律。文明史观放眼于人类文明的历史进程。文明史观认为，一部人类社会发展史，从本质上说就是人类文明演进的历史，是人与自然关系的交互史。人与自然关系相互交织、渗透和转化，共同推动人类文明由低级走向高级。在人类四大古文明发展史上，古埃及文明发源于尼罗河下游地区，古印度文明主要发源于恒河流域，古巴比伦文明主要发源于幼发拉底河和底格里斯河流域的美索不达米亚平原地区。它们都曾是森林茂密、水草丰盛的地方，但文明却因为大量砍伐森林和侵占湿地，沃野变荒漠后或衰落或转移。中华文明亘古绵延五千多年，历史悠久的农业，对中华民族的生存发展和文明创造产生了深远的影响。中国是世界农业最早的起源地之一，粟类旱地作物起源于黄河流域，人工栽培的水稻起源于长江中下游地区。当今中国，处于后工业化发展的重要阶段。仅以水污染与治理为例，流域面积占全国总面积三分之一的三条大江——长江、黄河、珠江正在遭受严重的水污染问题。中国共产党带领全国人民率先探索并走向社会主义生态文明新时代，这是一种历史机遇，是时代发展浩浩荡荡不可逆转的历史潮流。在历史潮流面前，我们必须以习近平总书记"生态兴则文明兴，生态衰则文明衰"所揭示的人类文明发展规律为根本出发点，更加自觉地遵循生态与文明发展的历史规律，更好地保护生态，更好地建设生态文明。

（二）"为什么建设生态文明"的动力体系

两个清醒认识：以问题导向凸显为什么建设生态文明

的国情观。马克思说："问题就是时代的口号，是它表现自己精神状态的最实际的呼声。"① 习近平总书记指出："我们中国共产党人干革命、搞建设、抓改革，从来都是为了解决中国的现实问题。"②

当代中国正处于爬坡过坎的紧要关口，进入发展关键期、改革攻坚期、矛盾凸显期，许多问题相互交织、叠加呈现。邓小平同志曾经预言，"发展起来以后的问题不比不发展时少"③。近年来，我国雾霾天气、一些地区饮水安全和土壤重金属含量过高等严重污染问题集中暴露，社会反应强烈。习近平总书记指出：要清醒认识保护生态环境、治理环境污染的紧迫性和艰巨性，清醒认识加强生态文明建设的重要性和必要性。两个清醒论断，关键在资源和粗放发展问题上。习近平总书记说："如果仍是粗放发展，即使实现了国内生产总值翻一番的目标，那污染又会是一种什么情况？届时资源环境恐怕完全承载不了。"④ 因而，走老路，去消耗资源，去污染环境，发展将难以为继。

---

① 《马克思恩格斯全集》第 40 卷，人民出版社 1982 年版，第 289—290 页。

② 《关于〈中共中央关于全面深化改革若干重大问题的决定〉的说明》（2013 年 11 月 9 日），载《习近平关于全面深化改革论述摘编》，中央文献出版社 2014 年版，第 8 页。

③ 中共中央文献研究室：《邓小平年谱（1975—1997）》（下），中央文献出版社 2004 年版，第 1364 页。

④ 习近平：《在十八届中央政治局常委会会议上关于第一季度经济形势的讲话》（2013 年 4 月 25 日），载《习近平关于全面深化改革论述摘编》，中央文献出版社 2014 年版，第 103 页。

　　人民对美好生活的向往，就是我们的奋斗目标：以民生导向凸显为什么建设生态文明的群众观。检验我们一切工作的成效，最终都要看人民是否真正得到了实惠，人民生活是否真正得到了改善，这是坚持立党为公、执政为民的本质要求，是党和人民事业不断发展的重要保证。良好的生态环境是最公平的公共产品，是最普惠的民生福祉。人民群众对环境问题高度关注，可以说生态环境在群众生活幸福指数中的地位必然会不断凸显。习近平总书记指出："把生态文明建设放到更加突出的位置。这也是民意所在。人民群众不是对国内生产总值增长速度不满，而是对生态环境不好有更多不满。我们一定要取舍，到底要什么？从老百姓满意不满意、答应不答应出发，生态环境非常重要。"①"我们不能把加强生态文明建设、加强生态环境保护、提倡绿色低碳生活方式等仅仅作为经济问题。这里面有很大的政治。"②

　　保护生态环境就是保护生产力，改善生态环境就是发展生产力：以生产力导向凸显为什么建设生态文明的辩证观。对于经济发展同生态环境保护的关系，我们曾经一度在认识上有误区，把两者对立起来，在实践中走了弯路。生产力决定的是生产关系的性质，表现的是人与自然之间

---

　　①　习近平：《在十八届中央政治局第六次集体学习时的讲话》（2013 年 4 月 25 日），载《习近平关于社会主义生态文明建设论述摘编》，中央文献出版社 2017 年版。

　　②　习近平：《在十八届中央政治局常委会会议上关于第一季度经济形势的讲话》（2013 年 4 月 25 日），载《习近平关于全面深化改革论述摘编》，中央文献出版社 2014 年版，第 103 页。

的关系。马克思认为，人类生存发展依赖自然界的物质资源；人类生存发展所必需的衣食住行用等必备的生活资料都是从自然界获得的；土地是一种特殊的自然资源，是人类生产和生活的最基本的物质资料。但是，由于环境的急剧破坏和生态的加速退化，大地上流淌的水、土地上生产的粮食、作为物质的空气，都对人类的生存发展构成了威胁。因而，不顾生态环境保护的生产力，不是先进生产力。我们一定要把习近平总书记保护生态环境就是保护和发展生产力的科学论断落到实处，使生态环境作为生产力要素在绿色发展、低碳发展和循环发展中发挥独特作用，使人们认识到，增长是一个数量概念，可持续发展是一个质量概念，是真正的生产力。只有更加重视生态环境这一生产力的要素，更加尊重自然生态的发展规律，保护和利用好生态环境，才能更好地发展生产力，在更高层次上实现人与自然的和谐。

绿水青山就是金山银山：以绿色产业导向凸显为什么建设生态文明的价值观。习近平总书记指出："我们既要绿水青山，也要金山银山。宁要绿水青山，不要金山银山，而且绿水青山就是金山银山。"[①] 改革开放四十年来，我国坚持以经济建设为中心，推动经济快速发展起来。但总体看，我国一度以无节制消耗资源、破坏环境为代价换取经济快速增长的发展模式所导致的能源资源、生态环境

① 习近平：《在哈萨克斯坦纳扎尔巴耶夫大学演讲时的答问》（2013 年 9 月 7 日），载《习近平关于社会主义生态文明建设论述摘编》，中央文献出版社 2017 年版，第 21 页。

问题越来越突出。如一些地区由于盲目开发、过度开发、无序开发，已经接近或超过资源环境承载能力的极限；全国江河水系污染和饮用水安全问题、土壤污染问题以及频繁出现的大范围、长时间的雾霾天气问题，等等，严重影响人民群众的幸福感和获得感，制约经济社会的可持续发展。这里一个很重要的原因就是没有处理好经济发展同环境保护的关系，对生态文明建设的战略地位缺乏足够和充分的认识，忽视了社会生产的长远后果。恩格斯指出："到目前为止的一切生产方式，都仅仅以取得劳动的最近的、最直接的效益为目的。那些只是在晚些时候才显现出来的、通过逐渐的重复和积累才产生效应的较远的结果，则完全被忽视了。"① 基于此，我们要从当前中国经济发展的阶段性特征出发，适应新常态，保持战略上的平常心态。以新常态之"新"视角看待生态文明，发展绿色经济，意味着经济增长将与过去一度忽视或轻视环境保护的高速度基本告别，与传统不可持续的粗放增长模式告别；以新常态之"常"视角看待生态文明，发展绿色经济，意味着经济增长速度适宜、结构优化、人与自然和谐发展。可以展望，绿色产业和绿色经济一定有希望成为我国国民经济发展的"新常态"，成为推动我国由经济大国向经济强国转变的重要契机。

不断推进人类命运共同体建设：以共有一个生态家园凸显为什么建设生态文明的全球观。习近平总书记指出：

---

① 《马克思恩格斯选集》第 4 卷，人民出版社 1995 年版，第 385 页。

"人类生活在同一个地球村里，生活在历史和现实交汇的同一个时空里，越来越成为你中有我、我中有你的命运共同体。"① 人类只有一个地球家园，就全球范围来看，自1987年《我们共同的未来》发表以来，可持续发展已经被广泛认同和接受，成为世界各国普遍的发展战略；2013年，我国的生态文明理念在联合国环境规划署第27次理事会上，被正式写入决定案文。这表明，越是面临全球性挑战，越要合作应对，共同变压力为动力、化危机为生机。从文明交流的角度看，中国人在2000多年前就认识到"物之不齐，物之情也"的道理。推动文明交流互鉴，可以丰富人类文明的色彩，让各国人民享受更富内涵的精神生活、开创更有选择的未来。我们不仅要了解中国的历史文化，还要睁眼看世界，了解世界上不同民族的历史文化，去其糟粕，取其精华，从中获得启发，为我所用；我们要共同坚持文明多样性，引领文明互容、文明互鉴、文明互通的世界潮流，为人类文明共同进步作出贡献，成为全球生态文明建设的重要参与者、贡献者、引领者。

（三）怎样建设生态文明的战略体系

习近平总书记指出："要深刻理解把生态文明建设纳入中国特色社会主义事业总体布局的重大意义。"② 要把生

---

① 参见《习近平谈治国理政》，外文出版社2014年版，第272页。
② 习近平：《认真学习党章　严格遵守党章》，《人民日报》2012年11月20日第1版。

态文明建设放在更加突出的位置，强化生态文明建设引领四个建设、在"五位一体"中占有"突出地位"所形成的"一融于四"的新战略意义。

坚持把生态文明建设融入经济建设。一是要坚持节约优先、保护优先、自然恢复为主的方针。这是由目前我们面临的资源约束趋紧、环境污染严重、生态系统退化的资源环境状况和严峻形势所决定的。在资源上把节约放在首位，在环境上把保护放在首位，在生态上以自然恢复为主，这三个方面形成一个统一的有机整体，是生态文明融入经济建设的基础策略、底线思维。二是要更加自觉地推进绿色发展、循环发展、低碳发展。这是由生态文明建设的基本内涵所决定的。绿色发展，侧重于传统产业及其经济的产业升级，更多地强调转变发展方式，调整产业结构；循环发展的核心是提高资源利用效率，其基本理念是没有废物，强调所谓废物是放错地方的资源，实质是解决资源再循环、再利用问题，尽可能减少因废物不再利用对环境形成的破坏；低碳发展就是以低碳排放为特征的发展，主要是通过节约能源提高能效，发展可再生能源和清洁能源，增加森林碳汇，降低能耗强度、碳强度以及碳排放总量，是与气候变化非常紧密的关联理念和发展状态。这是生态文明融入经济建设的基本路径，是习近平总书记讲的"经济新常态"形成的必经之路。

坚持把生态文明建设融入政治建设。一是再也不能以国内生产总值增长率论英雄。这是生态文明融入政治建设的当务之急。干部是在党的各级组织中起带头作用的人员，是党的事业的骨干。干部的考核标准不改变，对那些不顾生态环境盲目决策、造成严重后果的人就起不到威慑作用。破坏了生态环境，"然后拍拍屁股走人，官还照当，不负任何责任"①，这是危险的导向，实践也证明了这一点。二是加强顶层设计和整体谋划。这是生态文明融入政治建设的关键。生态文明加强顶层设计，对生态文明体制改革进行总体设计、统筹协调、整体推进，是党领导生态文明建设的政治保障。三是生态文明体制改革的制度化和法制化，生态文明制度创新和法治文化的常态化。这是生态文明融入政治建设的根本。

　　坚持把生态文明建设融入文化建设。一是不断形成新的生活方式。这是生态文明融入文化建设的理念转折。在我国，过度消费、炫耀性消费、浪费性消费，正在日复一日地影响着人们内心真正的幸福，使人们陷入物质主义的庸俗之中不能自拔。中央大力推行的八项规定，是对干部追求奢华消费的强有力约束。这么多人口的大国，这么有限的耕地资源，亟待形成一种简朴、低碳、公正、绿色的生活方式。二是弘扬中华文化软实力。这是生态文明融入文化建设的文化守护。五千多年中国传统文化的主流，是儒释道三家，它们包含的崇尚自然的精神风骨、包罗万象的广阔胸怀成为中华生态文明立足于世界的坚实基础。天人合一既是中华传统文化的主体，又是中华生态文明的特质。中国人民建设生态文明，一定要守护、传承和创新老祖宗的文化基因，要在深刻解答"我们从哪里来，要到哪

_____

① 《习近平总书记系列重要讲话读本》，人民出版社 2014 年版，第 130 页。

里去"的历史思考、人文思考中形成凝神聚气、强基固本的精神寄托。三是培育和弘扬社会主义核心价值观。这是生态文明融入文化建设的基础工程。习近平总书记指出："核心价值观，承载着一个民族、一个国家的精神追求。"①核心价值观是社会主义核心价值体系的高度凝练和集中表达。其中，文明、和谐、平等、公正，也必然蕴含生态文明之文明、人与自然和谐之和谐、人与自然平等之平等，祖宗与当代、当代与后代公正享有环境正义之公正。我们要在持续加强社会主义核心价值体系和核心价值观建设过程中，建设生态文明，弘扬生态文化。

坚持把生态文明建设融入社会建设。一是把解决人民群众最关心、最直接、最现实的利益问题作为工作重点。这是生态文明融入社会建设的着力点。当前，要特别注重水、大气、土壤等污染防治，着力推进流域和区域水污染防治，着力推进重点行业和重点区域大气污染治理，着力推进颗粒物污染防治，着力推进重金属污染和土壤污染综合治理，集中力量优先解决好细颗粒物污染、饮用水污染、土壤污染、重金属污染、化学品污染等损害群众利益的突出环境问题。二是高度关注城镇化过程中的农村生态安全问题。这是生态文明融入社会建设的着眼点。习近平总书记指出："乡村文明是中华民族文明史的主体，村庄是这种文明的载体，耕读文明是我们的软实力。城乡一体化发展，完全可以保留村庄原始风貌，慎砍树、不填湖、

---

① 《"习近平谈核心价值观"——最持久最深层的力量》，《人民日报海外版》2014 年 7 月 24 日第 5 版。

少拆房，尽可能在原有村庄形态上改善居民生活条件。"①
三是推进生态环境治理体系现代化。这是生态文明融入社
会建设的发力点。完善和发展中国特色社会主义制度，推
进国家治理体系和治理能力现代化是全面深化改革的总目
标。生态环境治理体系是国家治理体系的组成部分，生态
环境治理体系的现代化，关键在于构建多元主体参与的治
理模式。要打破政府部门绝对主导、单向推动的管理模
式，进一步形成政府为主导、企业为主体、市场有效驱
动、全社会共同参与的推进生态文明建设新格局。

这里需要特别指出，把生态文明建设融入经济建设、
政治建设、文化建设和社会建设，在全国生态环境保护大
会上，有了更为直观的"生态文明体系"的表述，为怎样
建设生态文明的战略体系注入了新理念。

全国生态环境保护大会于 2018 年 5 月 18 日至 19 日在
北京召开。这是继 2011 年第七次全国环境保护大会召开
时隔 7 年后，召开的"第八次"却又是"首届"全国生态
环境保护大会。以"第八次"论，体现了历届党的中央领
导集体对环境保护、生态文明建设事业承前启后、一脉相
承的执着探索和不懈追求；以"首届"论，体现了社会主
义建设新时代、我国社会主要矛盾新变化、组建生态环境
部新机构、全面建成小康社会坚决打赢污染防治攻坚战新
任务、建设富强民主文明和谐美丽社会主义现代化强国新
目标背景下，具有历史性里程碑意义的全国生态环境大

---

① 《十八大以来重要文献选编》（上），中央文献出版社 2014
年版，第 605 页。

会。习近平总书记首次提出"生态文明体系"并明确生态文明体系的丰富内涵，这即是以生态价值观念为准则的生态文化体系，以产业生态化和生态产业化为主体的生态经济体系，以改善生态环境质量为核心的目标责任体系，以治理体系和治理能力现代化为保障的生态文明制度体系，以生态系统良性循环和环境风险有效防控为重点的生态安全体系。这是经济社会发展向生态文明社会全面转型的重大发展战略，昭示我们建设什么样的生态文明社会，怎样建设生态文明社会，清晰勾勒和描绘出美丽中国总蓝图和总蓝图下的经济、政治、文化和社会各项建设基本路径。在这里：

第一，生态经济体系是基础，为生态文明社会建设提供坚持的物质基础。即始终秉持"绿水青山就是金山银山""保护生态环境就是保护生产力、改善生态环境就是发展生产力"绿色发展观，始终坚持把生态环境作为经济社会发展的内在要素和内生动力；始终把整个生产过程的绿色化、生态化作为实现和确保生产活动结果绿色化和生态化的途径、约束和保障，坚守"产业生态化和生态产业化""经济生态化和生态经济化"基本路径。以供给侧结构性改革为主线，实现传统产业改造升级和发展的绿色化；以新发展理念为指引，着力发展高效生态农业，大力发展现代服务业，全面构筑绿色发展现代产业新体系。

第二，生态文明制度体系是保障，为生态文明社会建设体制机制创新和制度创新提供党的意志基石、组织保障和制度保障。习近平总书记强调不断深化和推进生态文明体制改革，加强顶层设计，加强科学政绩观建设，加强法治和制度建设，划定生态红线，建立责任追究制度。他说，"再也不能以国内生产总值增长率来论英雄"，"最重要的是要完善经济社会发展考虑评价体系"，"加强生态文明制度建设。只有实行最严格的制度、最严密的法治，才能为生态文明建设提供可靠保障"。社会主义正是通过社会体制的变革，改革和完善社会制度和规范，从而形成有利于生态文明建设的体制机制，为生态文明社会构筑强有力的上层建筑及其一系列制度和法治保障。

第三，生态文化建设是灵魂，为生态文明社会建设提供思想保证、精神动力和智力支持。习近平总书记反复强调"中华文明传承 5000 多年，积淀了丰富的生态智慧"，要"像保护眼睛一样保护生态环境，像对待生命一样对待生态环境""建设生态文明也是民意所在"，要"集中力量优先解决好细颗粒物、饮用水、土壤、重金属、化学品等损害群众利益的突出环境问题"。

第四，生态目标责任体系和生态安全体系是生态文明社会建设的责任、动力和载体，是上限、底线和红线。要从生态环境安全是国家安全重要组成部分，是经济社会持续健康发展重要保障的战略高度，设定并严守资源消耗上限、环境质量底线、生态保护红线，坚决打赢蓝天保卫战、深入实施水污染防治行动计划、全面落实土壤污染防治行动计划，以空气、水和土壤三大战役为目标责任，确保全面建成小康社会、打赢污染防治攻坚战。

第二章

绿水青山就是金山银山

当今时代，资源约束趋紧、环境污染严重、生态系统退化形势严峻，人类社会可持续发展面临严重挑战。为解决生态环境问题，积极应对挑战，自 20 世纪 70 年代初以来，在世界范围内兴起了环境保护、可持续发展、绿色经济等各种学术思潮、社会运动、政府行动和市场探索。人类对工业文明的模式及传统粗放型发展方式进行反思，重新审视与定位人与自然的关系，探寻可持续发展的路径。生态文明建设就是中国共产党人在这样的宏观背景下所作出的战略创新与率先实践，其理论基础及指导思想的核心就是习近平总书记提出的"两山论"，即"既要绿水青山，也要金山银山。宁要绿水青山，不要金山银山，而且绿水青山就是金山银山"。十年的理论发展和实践检验，"两山论"日臻成熟，并被写进了中央文件。① "两山论"成为

① 2005 年，时任浙江省委书记的习近平到安吉县天荒坪镇余村考察时指出，"我们过去讲，既要绿水青山，又要金山银山。其实，绿水青山就是金山银山"，这是首次对"两山论"进行表述。此后，发表专栏文章，对"两山论"进行了较为完整的论述，提出"既要绿水青山，也要金山银山。宁要绿水青山，不（转下页）

指导中国加快推进生态文明建设的重要指导思想和本届党中央治国理政思想的重要组成部分。

一 既要绿水青山，也要金山银山

"绿水青山"指的是优质的生态环境，以及与优质生态环境关联的生态产品，"金山银山"代表着经济收入，以

（接上页）要金山银山，而且绿水青山就是金山银山"。[习近平：《在哈萨克斯坦纳扎尔巴耶夫大学演讲时的答问》（2013 年 9 月 7 日），载《习近平关于全面建成小康社会论述摘编》，中央文献出版社 2016 年版，第 171 页。] 习近平同志指出："在实践中对绿水青山和金山银山这'两座山'之间关系的认识经过了三个阶段：第一个阶段是用绿水青山去换金山银山，不考虑或者很少考虑环境的承载能力，一味索取资源。第二个阶段是既要金山银山，但是也要保住绿水青山，这时候经济发展和资源匮乏、环境恶化之间的矛盾开始凸显出来，人们意识到环境是我们生存发展的根本，要留得青山在，才能有柴烧。第三个阶段是认识到绿水青山可以源源不断地带来金山银山，绿水青山本身就是金山银山，我们种的常青树就是摇钱树，生态优势变成经济优势，形成了浑然一体、和谐统一的关系，这一阶段是一种更高的境界。"（参见《干在实处 走在前列——推进浙江新发展的思考与实践》，中共中央党校出版社 2016 年版，第 198 页。）之后尤其是党的十八大以来，习近平总书记又多次对"两山论"进行了更详尽深入的阐述以及系统深化和完善，在国内国际场合多次提及"既要绿水青山，也要金山银山。宁要绿水青山，不要金山银山"，强调"绿水青山就是金山银山"。2015 年 3 月习近平总书记主持召开中央政治局会议，通过了《关于加快推进生态文明建设的意见》，正式把"绿水青山就是金山银山"的理念写进中央文件。

及与收入和增长水平关联的民生福祉。因此"绿水青山"和"金山银山"从本质上指向环境保护与经济发展的关系范畴。如何看待、协调和统一两者之间的关系？时任浙江省委书记的习近平指出，"我们追求人与自然的和谐，经济与社会的和谐，通俗地讲，就是既要绿水青山，又要金山银山"①。这是对人与自然、经济与社会的概括，指出人类文明发展的导向就是"人与自然的和谐，经济与社会的和谐"，同时也阐释了全面深化改革过程中发展经济与保护生态环境二者之间的辩证关系，经济要发展，生态环境要保护。当今时代，我国社会的主要矛盾已经转化为人民日益增长的美好生活需要和不平衡不充分的发展之间的矛盾。"我们要建设的现代化是人与自然和谐共生的现代化，既要创造更多物质财富和精神财富以满足人民日益增长的美好生活需要，也要提供更多优质生态产品以满足人民日益增长的优美生态环境需要。"②

发展是硬道理，实现经济社会发展与环境保护和谐共生，从整体上维护人的发展与自然生态系统的动态平衡，实际上是人类社会诞生以来亘古不变的主题，只是在人类社会发展进步的不同阶段，主要矛盾和次要矛盾的主要表现形式、矛盾的主要方面和次要方面的相互转换形态不同而已。马克思指出："全部人类历史的第一个前提无疑是

---

① 习近平：《绿水青山也是金山银山》，载《之江新语》，浙江人民出版社 2013 年版，第 153 页。

② 习近平：《决胜全面建成小康社会　夺取新时代中国特色社会主义伟大胜利——在中国共产党第十九次全国代表大会上的报告》，人民出版社 2017 年版，第 50 页。

有生命的个人的存在。……任何历史记载都应当从这些自然基础以及它们在历史进程中由于人们的活动而发生的变更出发。"① "只有在社会中,自然界才是人自己的人的存在的基础。只有在社会中,人的自然的存在对他来说才是他的人的存在。"② 因而,既要绿水青山,也要金山银山,两者都是人类经济社会发展的重要因素,不可偏颇。

我们通常讲,衣食住行,这是人类生存的四大基本需要。怎样满足人类生存的基本需求,如何把这个问题解决好,就要归结到社会产品生产什么、如何生产、如何流通和如何分配的问题。经济发展是人类社会一直致力追求的目标。因此说,发展是第一位的,但理解什么是发展以及如何实现发展,则是我们开展各项工作和正确行动的关键。世界上没有可以凭空变出金银财宝的聚宝盆、摇钱树,会开饭的桌子也只能出现在童话里。财富从哪里来?古人讲,民生在勤,勤则不匮。马克思唯物史观始终认为,社会财富的创造和积累,是通过人类的辛勤劳动,从大自然中创造而来。自有人类社会以来,人类在长期的生产斗争和生产实践、科学实验中,不断地认识自然、利用自然、改造自然,让自然为人类谋利益,从而推动人类社会不断前进。

在人类社会的不同发展阶段,会有不同的追求和侧重不同的需求,但不管在什么发展阶段,坚持发展要务不能

---

① 《马克思恩格斯选集》第 1 卷,人民出版社 1995 年版,第 67 页。

② 《马克思恩格斯全集》第 42 卷,人民出版社 1979 年版,第 122 页。

动摇，离开了发展，什么事情都无从谈起。这对饱受磨难的近现代中国经济社会发展尤其如此。由于贫穷落后，中华民族近现代史所承受的磨难和发展的艰辛让每一个中国人刻骨铭心，对发展的渴求尤其迫切。改革开放以来，工业化、城镇化进程突飞猛进，工业文明的发展范式成为主流。经济社会发展、综合国力和国际影响力实现历史性跨越。中国人民以自己的勤劳、坚韧、智慧创造了世界经济发展史上令人赞叹的"中国奇迹"。以中华人民共和国成立 65 周年国家统计局的统计数据为例，1953—2013 年，我国国内生产总值（GDP）按可比价计算增长了 122 倍，年均增长 8.2%。1952 年国内生产总值只有 679 亿元，1978 年增加到 3645 亿元，居世界第十位。改革开放以来，GDP 年均增长 9.8%，增长速度和高速增长持续的时间均超过经济起飞时期的日本和韩国。GDP 连续跃上新台阶，1986 年超过 1 万亿元；1991 年超过 2 万亿元；2001 年超过 10 万亿元；2010 年达到 40 万亿元，超过日本成为世界第二大经济体；2013 年达到 568845 亿元，占全球 GDP 比重达到 12.3%。我国人均 GDP 由 1952 年的 119 元增加到 2013 年的 41908 元（约合 6767 美元），根据世界银行划分标准，我国已由低收入国家迈进上中等收入国家行列。在这个过程中，应该说，毁山开矿、填塘建厂、追求"短平快"的经济效益、匆匆上马"两高一低"项目现象普遍；经济增长过快相伴而生的不平衡、不协调、不可持续的矛盾还很突出。但总体看，这个时期，恰恰是习近平总书记所说的"既要绿水青山，也要金山银山"阶段。对此，习近平总书记指出："我国生态环境矛盾有一个历史积累过程，不是一天变坏的，但不能在我们手里变得越来越坏，共产党人应该有这样的胸怀和意志。"①

　　经济社会发展新常态下，绿色发展、低碳发展、循环发展成为经济社会发展的主流声音和实践导向。然而，不论是绿色、低碳还是循环，抑或是生态，都是为了发展。发展在当代中国，仍然是党执政兴国的第一要务。恰如习近平总书记所指出："只要国内外大势没有发生根本变化，坚持以经济建设为中心就不能也不应该改变。这是坚持党的基本路线100年不动摇的根本要求，也是解决当代中国一切问题的根本要求。"② 与此同时，我们需要注意的是，作为金山银山的根本来源，绿水青山是人类可持续生存发展的基础，必须坚决守护。习近平总书记在十八届中央政治局常务委员会会议上发表讲话时指出："如果仍是粗放发展，即使实现了国内生产总值翻一番的目标，那污染又会是一种什么情况？届时资源环境恐怕完全承载不了。"③ 警示我们控制好人的贪婪，对大自然始终怀持敬畏之心，要懂得按自然规律办事，同时阐明了造成绿水青山与金山

---

① 习近平：《在中央财经领导小组第五次会议上的讲话》（2014年3月14日），载《习近平关于社会主义生态文明建设论述摘编》，中央文献出版社2017年版，第8页。

② 习近平：《胸怀大局把握大势着眼大事　努力把宣传工作做得更好》，载《学习习近平总书记8·19重要讲话》，人民出版社2013年版，第1—2页。

③ 习近平：《在十八届中央政治局常委会会议上关于第一季度经济形势的讲话》（2013年4月25日），载《习近平关于社会主义生态文明建设论述摘编》，中央文献出版社2017年版，第5页。

银山矛盾对立的深层因素，就在于单向度、主客对立的错误思维方式和线性发展方式。

发展必须是遵循自然规律的可持续发展，这是我们从无数经验教训中得出的必然结论，是我国进一步深化改革的必然选择。我们必须考虑工业化和经济增长的边界。一味地开发或者毁灭性地利用自然资源，我们将失去那些尚未被市场认可的自然资源的选择价值和存在价值，最终人类的发展也将难以为继。

当前，我们进行生态文明建设，目标就是实现人与自然的和谐发展，要的是发展中的保护，既不是要回到原始的生产生活方式，也不是继续工业文明追求利润最大化的发展模式，而是要达到包括生态价值在内的经济、生态、社会价值的最大化，要求遵循自然规律，尊重自然、顺应自然、保护自然，以资源环境承载能力为基础，建设生产发展、生活富裕、生态良好的文明社会，谋求可持续发展。"生态兴则文明兴，生态衰则文明衰"①，这需要我们按照"五位一体"的总体布局和"四个全面"的战略布局，坚持"绿色发展"，把节约优先、保护优先放在突出的位置，在发展中保护，在保护中发展，实现经济社会发展和生态环境保护齐头并进，让群众在享受经济发展带来的实惠的同时，感受到生活工作环境的改善，从而全方位地提升人民群众的幸福指数。

---

① 习近平：《在十八届中央政治局第六次集体学习时的讲话》（2013 年 5 月 24 日），载《习近平关于社会主义生态文明建设论述摘编》，中央文献出版社 2017 年版，第 6 页。

习近平总书记"既要绿水青山，也要金山银山"的论断，体现了中国共产党人的发展理念，是对发展内涵的再认识，亦是对旧有的粗放式发展方式的反思，坚定了中国要走绿色发展道路的选择。这一论断充满了生态学方法①的理念，创新性地应用了马克思主义哲学的两点论和系统论的思维方法，明确了发展是第一要务，保护是评判发展路线正确与否的重要标准，要求我们以发展的眼光引领一个新的生态文明时代的到来。

二　宁要绿水青山，不要金山银山

当经济发展与环境保护两个对立统一的问题同时呈现在人们面前的时候，习近平总书记一针见血地指出："中国明确把生态环境保护摆在更加突出的位置。我们既要绿水青山，也要金山银山。宁要绿水青山，不要金山银山，而且绿水青山就是金山银山。我们绝不能以牺牲生态环境为代价换取经济的一时发展。"②一旦经济发展与生态保护发生冲突和矛盾时，必须毫不犹豫地把保护生态放在首位，而绝不可再走用绿水青山去换金山银山的老路。这些充分表明了党中央对加强环境保护的坚定意志和坚强决心，也

---

① 生态学方法是指生态系统各成分普遍联系和相互作用的整体性观点，生态系统物质不断循环和转化的观点，生态系统物质输入和输出平衡的观点。

② 习近平：《在哈萨克斯坦纳扎尔巴耶夫大学演讲时的答问》（2013 年 9 月 7 日），载《习近平关于社会主义生态文明建设论述摘编》，中央文献出版社 2017 年版，第 20—21 页。

是我们党对中国特色社会主义规律认识的进一步深化。

在我们人类的生存空间里，社会系统、经济系统和自然系统通过人类的活动耦合成为复合的生态系统，即人类社会生态系统。在这个系统中，各要素相互依存、相互制约、相互作用。人类的经济活动受到自然生态系统容量的限制，而人类经济活动的结果——社会系统和经济系统又反作用于自然生态系统。每个系统既独立又开放，既有自身运行规律，又受其他系统的影响与制约，只有当各个系统彼此适应，输入输出总体对等的时候，整个复合生态系统才能达到平衡，才能稳定、持续地良性循环下去。在常规的经济增长分析中，环境因素虽然一直没有明确纳入投入产出的分析内容①，但环境对经济系统的制约始终存在。尤其是随着经济的增长，资源消耗速率超越资源的更新速率，废弃物的排放超出环境自我净化能力的时候，环境问题逐渐尖锐和凸显。当技术进步仍不能保证经济发展处于环境可承载的负荷范围时，环境提供资源的能力不再是呈现环境库兹涅茨曲线所表达的退化②，而是完全丧失其生

---

①　古典经济增长理论认为经济增长是资本、劳动、土地等外生变量投入增加的结果。新古典经济增长理论开始认识到技术进步对经济增长的影响，但仍将技术进步作为外生变量。罗默提出了知识溢出模型，指出人力资本对经济增长具有推动效应。后来进一步发展的制度经济学派，引入了经济增长的制度内生变量，环境因素在很长一段时间内都没有进入研究领域。

②　环境库兹涅茨曲线揭示出环境质量开始随着收入增加而退化，收入水平上升到一定程度后随着收入增加而改善，即环境质量与收入为倒 U 形关系。

产和再生产的能力。届时，生态系统平衡遭受破坏，即使花大力气进行修复，也很难恢复原有生态，这即是所谓"环境的不可逆性"。

在这方面，我国古人有丰富的生态智慧。中国的哲学家就阐发了"天地与我并生，而万物与我为一"的生态系统论哲学思想。《逸周书》亦曾有记载："夫然则土不失其宜，万物不失其性，人不失其事，天不失其时，以成万财。"① 人类只有与资源和环境相协调，和睦相处，才能生存和发展。生态环境是人类生存发展的重要生态保障，亦是一个国家或地区综合竞争力的重要组成部分。大量的事例证明，什么时候我们做到了尊重自然、敬畏自然、保护自然，经济社会就会健康发展，任何与自然为敌、试图凌驾于自然法则之上的做法都必然遭到自然界的报复。

现时代，生产力的巨大进步和生产技术的重大突破，使自然资源的消耗速度大大超过了其自身的修复速度，而人类活动产生的大量生产生活垃圾以及有毒有害物质超过了环境的消纳能力，即我们现在所说的生态环境容量。人类的生存环境不断恶化，清新的空气被污染，洁净的水源被污染，重金属污染的土壤所生产的有毒有害农产品损害着人们的健康，气候在变暖，资源在枯竭，生态在退化，贫富差距在加大②，城市边界无限制地扩张，台风、洪水、

---

① 参见《逸周书·卷四·大聚解》。

② 参见潘家华《中国的环境治理与生态建设》，中国社会科学出版社 2015 年版，第 34 页。

干旱、地震等自然灾害在人为影响下连年增加，人类社会的发展面临难以持续的挑战。从生态系统恶化的趋势来看，既有常见的非生物类有毒有害物质排放造成大气、水体、土壤成分改变的危害，还有如臭氧空洞、温室气体排放导致的全球气候变化等全球性危害。此外，对于煤炭、石油等不可再生资源的破坏性、浪费性开采使用，以及生物类资源的破坏导致的如物种灭亡、生物多样化减少等，生物的、非生物的破坏相互影响、相互推动，共同推动生态环境恶化，都使得地球生态环境濒临人类生存环境的极限。

中国是一个有 13 亿多人口的大国，我们建设现代化国家，走美欧老路是走不通的。能源资源相对不足、生态环境承载能力不强，已成为我国的基本国情。发达国家一两百年出现的环境问题，在我国 40 年来的快速发展中集中显现，呈现明显的结构型、压缩型、复合型等特点，老的环境问题尚未解决，新的环境问题接踵而至。走老路，无节制消耗资源，不计代价污染环境，将使社会发展难以为继。对此，习近平总书记指出：如果仅仅靠山吃山很快就坐吃山空了。这里的生态遭到破坏，对国家全局会产生影响。[①] 生态等到污染了、破坏了再来建设，那就迟了。"对破坏生态环境的行为，不能手软，不能下不为例。"[②]

---

① 参见《林区转型，习总书记很牵挂》，新华网北京 2016 年 5 月 24 日电。

② 习近平：《在参加十二届全国人大三次会议江西代表团审议时的讲话》（2015 年 3 月 6 日），载《习近平关于社会主义生态文明建设论述摘编》，中央文献出版社 2017 年版，第 107 页。

这即明示我们要尊重自然，对大自然始终怀持敬畏之心，要懂得按自然规律办事。人是自然界的产物，也是自然界的一部分，人类的生存发展离不开自然环境。保护好自然，就是保护好人类自身，社会和生产的发展才有根本的保障。

我们在过去很长一段时期，认为环境保护与财富增长是相互独立甚至对立的关系，这是认识的误区。同时，由于考核体系不完善，在错误的政绩观引导下，一些地方在发展过程中一味追求 GDP，以 GDP 论英雄，用绿水青山去换金山银山，资源破坏和浪费严重，环评走形式走过场，不该上马的污染企业上马了，不该审批的违规项目审批了，重大污染事件频频发生。这种唯 GDP 至上的发展方式使少数人得利，却极大地损害了广大人民群众的根本利益。生态环境被破坏所造成的危害很多是日积月累之后才被发现或者恶化的。污染物质有可能通过大气、河流、土壤传播，具有扩散性，其危害后果不一定可以在短期内检测到。人们少量摄入污染物质并不一定会立即产生很大的反应，但是当其在人体内慢慢积累，对身体产生的副作用就将逐渐显现。为此，我们必须终止破坏绿水青山换取金山银山的竭泽而渔局面。习近平总书记一再强调，"我们绝不能以牺牲生态环境为代价换取经济的一时发展"①。

---

① 习近平:《在哈萨克斯坦纳扎尔巴耶夫大学演讲时的答问》（2013 年 9 月 7 日），载《习近平关于社会主义生态文明建设论述摘编》，中央文献出版社 2017 年版，第 21 页。

绿水青山作为重要的生产要素，破坏了绿水青山，就破坏了生态环境，也就丧失了经济发展的基本条件，丧失了金山银山赖以存在的根基。留得青山在，不愁没柴烧；有了绿水青山，就有永续发展的根基，就可以将绿水青山即生态环境内化为生产力，将生态优势转化成经济优势。绿水青山可以带来金山银山，但是金山银山却买不到绿水青山，没有"绿水青山"，"金山银山"亦不可得。当二者发生矛盾时，宁要绿水青山，不要金山银山，我们必须坚守环境的底线，只有更加重视生态环境这一生产力的要素，更加尊重自然生态的发展规律，保护和利用好生态环境，才能更好地发展生产力，在更高层次上实现人与自然的和谐。

习近平总书记"宁要绿水青山，不要金山银山"论，实质上是强调把生态建设和环境保护放在优先位置，强调在"保住绿水青山"的基础上实现可持续发展，是"既要绿水青山，也要金山银山"思想的再升华，是对马克思主义哲学"两点论"和"重点论"的统一，贯穿了人和自然和谐发展，人要尊重自然、顺应自然、保护自然的基本理念，要求我们既要遵循经济发展规律，又要遵循自然发展规律，把对自然发展规律的遵循居于优先地位，当经济发展规律与自然发展规律发生冲突时，必须作出正确的选择，即经济发展以遵循自然发展规律为前提。

三　绿水青山就是金山银山

环境保护的重要性已成为当前的共识，但怎样保护？

一种思路是消极的、被动的，那就是放慢改造自然的速度，既不用回到原始丛林去过茹毛饮血的"纯天然原生态"环保生活，又可享有一定的现代工业文明成果。但在我国经济发展进入新常态、经济全球化国际竞争加剧的情况下，这虽然也是一种选项，但绝不应该成为我们的选择。我们要做的是积极的保护，是在发展中的保护，依靠科学技术手段，依靠全方位的改革创新，实现更高层次的保护。习近平总书记提出"绿水青山就是金山银山"，要变绿水青山为金山银山。

我们曾经存在两种错误观念，一是认为发展必然导致环境的破坏，构成了"唯 GDP 论"的思想基础；二是认为注重保护就要以牺牲甚至放弃发展为代价，成为懒政惰政的借口。习近平总书记"绿水青山就是金山银山"的提出，指出绿色发展方式的转型，确立了生态思维方式，对于纠正上述错误认识具有重要理论意义和实际指导价值。"绿水青山就是金山银山"的论断也深刻揭示了生态文明建设中生态价值实现和生态价值增值的规律，进一步发展和完善了马克思主义价值理论。

经典的马克思劳动价值理论解释了人与人的关系。人类复杂的社会利益关系本质上就是一种价值关系，就人与自然的关系而言，无论人是作为自然界产物的客体，还是作为认识开发利用自然的主体，也体现为价值关系，这是人类社会关系的基础，同时是整个生态系统得以维系的核心。马克思主义经典理论中一直重视自然资源的价值，以绿水青山为形象指代的自然生态环境资源有着自我内部的价值循环，对维护生态系统的稳定和平衡发挥着重要作用，为人类创造生存条件。其实，自然资源除了产生经济产品，还供给呼吸的氧气和清洁的水源，消纳废弃物，美化环境，提升居住在其中的人们的幸福感，可见自然资源不仅具有经济价值，还有生态价值与社会价值。当前，我们大力推进生态文明建设，一个重要的方面是要实现生态观念的转变和更新，不断深化人与自然关系的本质认识，高度重视和还原生态的价值性及财富性，以此奠定新时代生态文明建设的坚实思想基础。

价值导向影响发展方向，在不同的发展阶段，人对自然资源的赋值不同，导致与价值取向相应的行为选择存在巨大差异。工业革命以来，对自然资源价值的片面认识、对马克思主义的机械解读导致资源价值概念外延的人为缩小，为了金山银山，毁坏绿水青山，结果GDP上去了，却带来资源短缺、环境污染、生态平衡失调等一系列问题。人类过度开发利用乃至掠夺自然价值，导致自然价值严重透支，引发全球性生态危机，自然价值已经朝负债的方向发展。

习近平总书记著名的"绿水青山就是金山银山"的科学论断，充分体现了尊重自然、重视资源价值、谋求人与自然和谐发展的价值理念，是对马克思主义核心价值理论的传承和发展，是当代中国的东方智慧。

从发展观的角度看，实现绿水青山就是得到金山银山，其实质就是要实现经济生态化和生态经济化。贫穷不是生态文明，发展不能破坏环境。一方面，要保护生态和修复环境，经济增长不能再以资源大量消耗和环境毁坏为代价，引导生态驱动型、生态友好型产业的发展，即经济的生态化；另一方面，要把优质的生态环境转化成居民的货币收入，根据资源的稀缺性赋予它合理的市场价格，尊重和体现环境的生态价值，进行有价有偿的交易和使用，即生态的经济化。经济生态化的发展需要我们树立正确的价值观，以结构调整为抓手，转方式，调结构，改导向，提质量；生态经济化的推进需要我们推动产权制度化，实施水权、矿权、林权、渔权、能权等自然资源产权的有偿使用和交易制度，实施生态权、排污权等环境资源产权的有偿使用和交易制度，实施碳权、碳汇等气候资源的有偿使用和交易制度等。

当今，生态环境正日益成为生产力发展的重要源泉和保障。习近平总书记在参加党的十九大贵州省代表团讨论时指出，中国特色社会主义进入了新时代，我们必须按照新时代的要求，提供更多的生态产品，更好满足人民多方面日益增长的需要，更好推动人的全面发展、全体人民共同富裕。马克思主义的生产力理论也已经告诉我们，生产力不仅包括作为劳动者的人及其创造力，而且包括外部生态环境。例如，如果我们坚持资源节约集约利用，依托生态环境优势发展绿色产业，用良好的生态环境吸引高科技人才与以高新技术为核心的现代产业，则优美的生态环境将会成为重要的"天然资本"，带来更多的发展机遇，发展潜力也随之得到提升，形成新动能，释放生态红利，绿水青山源源不断地带来金山银山。以有效实践"两山论"的浙江省为例，实行"八八战略"① 以来的实践，通过环境保护与推进生态经济相结合来化解两者对立的矛盾，把环境保护与倒逼企业转型升级、改变政府管理方式、推进资源产权制度等联动起来，成功验证了绿水青山可以变成金山银山，且环境保护与财富增长进入相互促进的良性循环，实现了更高质量、可持续的经济增长，破解了在传统工业经济系统内无法解决的诸多难题，开创了自然资本增值与环境改善良性互动的生态经济新模式。

---

① 2003 年 7 月，中共浙江省委举行第十一届四次全体（扩大）会议，在总结浙江省经济多年来的发展经验基础上，全面系统地总结了浙江省发展的八个优势，提出了面向未来发展的八项举措：一是进一步发挥浙江省的体制机制优势，大力推动以公有制为主体的多种所有制经济共同发展，不断完善社会主义市场经济体制。二是进一步发挥浙江省的区位优势，主动接轨上海市，积极参与长江三角洲地区合作与交流，不断提高对内对外开放水平。三是进一步发挥浙江省的块状特色产业优势，加快先进制造业基地建设，走新型工业化道路。四是进一步发挥浙江省的城乡协调发展优势，加快推进城乡一体化。五是进一步发挥浙江省的生态优势，创建生态省，打造"绿色浙江"。六是进一步发挥浙江省的山海资源优势，大力发展海洋经济，推动欠发达地区跨越式发展，努力使海洋经济和欠发达地区的发展成为浙江省经济新的增长点。七是进一步发挥浙江省的环境优势，积极推进以"五大百亿"工程为主要内容的重点建设，切实加强法治建设、信用建设和机关效能建设。八是进一步发挥浙江省的人文优势，积极推进科教兴省、人才强省，加快建设文化大省。即"八八战略"。充分发挥"八个优势"、深入实施"八项举措"，是一个相互联系、相互促进的有机整体，扎实推进了浙江省全面、协调、可持续发展，变绿水青山为金山银山，走出了自己的一条特色发展之路。

立足实际创新，把握生态优势与经济优势，发展绿色产业、美丽经济，增加生态产品的供给，变绿水青山为金山银山，没有"放之四海而皆准"的模式，需要具体问题具体分析。各地必须从当地实际出发，因地制宜，积极探索，勇于创新发展，坚持特色化的发展模式。"工业化不是到处都办工业，应当是宜工则工，宜农则农，宜开发则开发，宜保护则保护。"① 为此，习近平总书记强调："让绿水青山充分发挥经济社会效益，不是要把它破坏了，而是要把它保护得更好。关键是要树立正确的发展思路，因地制宜选择好发展产业。"②

中国尚未完成工业化进程，既不同于已经完成经济转型的后工业化国家，也有别于具有生产要素价格优势的工业化初期国家；既面临着加快发展、实现工业化、避免落入中等收入国家陷阱的要求，也面临着资源短缺、环境污染、生态退化、人们追求美好生活的迫切期望、国际竞争五个方面的挑战。在现代化进程中，作为一个有着十几亿人口的负责任的发展中大国，我们必须立足于自己发展理念和发展方式的根本转变。变绿水青山为金山银山，实现绿色发展转型、调整经济结构，是突破资源环境瓶颈制约，实现可持续发展的必然选择。习近平总书记强调，"绿水青山和金山银山决不是对立的，关键在人，关键在

---

① 习近平：《从"两座山"看生态环境》（2006 年 3 月 23 日），载《之江新语》，浙江人民出版社 2007 年版，第 186 页。

② 习近平：《在参加十二届全国人大二次会议贵州代表团审议时的讲话》（2014 年 3 月 7 日），载《习近平关于社会主义生态文明建设论述摘编》，中央文献出版社 2017 年版，第 23 页。

思路"①。我们对发挥人的主观能动性的肯定，必须满足一个前提，就是要合乎规律性，要坚决戒除和摒弃否定自然、征服自然、改造自然的机械主义观点。推动生产力进入一个新的发展阶段，是当代人和子孙后代生存发展的迫切需要，也是生产力自身解放、内涵拓展发展的战略需要。我们只有还山川以绿色，才能带富饶给百姓，绿水青山本身就是金山银山。习近平总书记在党的十九大报告中进一步指出，"建设生态文明是中华民族永续发展的千年大计，必须树立和践行绿水青山就是金山银山的理念；坚定走生产发展、生活富裕、生态良好的文明发展道路，建设美丽中国，为人民创造良好生产生活环境，为全球生态安全作出贡献"。

习近平总书记"绿水青山就是金山银山"的理论是"既要金山银山，也要绿水青山"和"宁要绿水青山，不要金山银山"理论的辩证统一，是发展理论的创新，体现了马克思主义理论发展的新高度，极大地丰富和拓展了马克思主义发展观，是中国特色社会主义理论的重大创新。

综观以上分析，习近平总书记的"既要绿水青山，也要金山银山。宁要绿水青山，不要金山银山，而且绿水青山就是金山银山"的"两山论"思想，是从实际出发，从老百姓更关心的问题，基于地方的发展和实践，逐步总结和推进。其表述微言大义，思想深刻系统，形象地表述与

---

① 习近平：《在参加十二届全国人大二次会议贵州代表团审议时的讲话》（2014 年 3 月 7 日），载《习近平关于社会主义生态文明建设论述摘编》，中央文献出版社 2017 年版，第 23 页。

概括了发展与保护对立统一的关系，体现了科学的发展观、生态观、价值观以及政绩观的转变和提升。"既要绿水青山，也要金山银山"，强调经济发展与环境保护必须兼顾，坚持发展是党执政兴国第一要务这个时代主题；"宁要绿水青山，不要金山银山"，强调把生态建设和环境保护放在优先位置；"绿水青山就是金山银山"，揭示了生态环境的真正价值，反映了人对自然生态价值的认识回归。

另外，"两山论"客观地分析了发展与保护之间主次矛盾和矛盾的主次方面，回答了人与自然的关系这个复杂的问题，坚持了"两点论"与"重点论"的统一，是对古老中华文明"天人合一"思想的传承与光大，亦是对中国经济发展实践经验的总结与可持续发展理论的升华。"两山论"的提出，是理论联系实际、理论指导实践的思想性创新和革命性成果，是习近平生态文明思想初步形成的重要标志，是当代中国马克思主义的新发展，展示了美丽中国的建设方向。

第三章

环境就是民生，环境就是生产力

生态环境是一个国家和地区综合竞争力的重要组成部分，也是民众基本生存条件和生活质量的保障与体现。保护环境，事关民生，事关发展，事关民众的基本发展机会、能力和权益，惠及当代，亦造福子孙。随着社会的进步和人民生活水平的提高，人们对良好生态环境的需求和要求也不断增加，生态环境在群众生活幸福指数中的地位不断凸显。党的十八大以来，党中央把环境保护作为重要的民生问题和发展战略，给予了高度重视。习近平总书记指出："良好生态环境是最公平的公共产品，是最普惠的民生福祉。"① 多次强调："环境就是民生，青山就是美丽，蓝天也是幸福。要像保护眼睛一样保护生态环境，像对待生命一样对待生态环境。"② 把环境保护作为重要的民生问题，深刻揭示出环境保护的本质内涵和最终目标，体现了

---

① 习近平：《在海南考察工作结束时的讲话》（2013 年 4 月 10 日），载《习近平关于社会主义生态文明建设论述摘编》，中央文献出版社 2017 年版，第 4 页。

② 同上书，第 8 页。

习近平总书记以人民群众的根本利益为中心的为民情怀，是以人为本执政理念的具体表现，丰富和发展了民生的基本内涵。

一 良好的生态环境是最普惠的民生福祉

环境是人民群众生活的基本条件和社会生产的基本要素，是最广大人民的根本利益所在。环境保护得好，全体公民就受益；环境遭到破坏，整个社会遭殃。环境的状况和质量，直接影响人们的生存状态，从而左右社会的发展水平，并最终决定文明的兴衰成败。习近平总书记指出："我们的人民热爱生活，期盼有更好的教育、更稳定的工作、更满意的收入、更可靠的社会保障、更高水平的医疗卫生服务、更舒适的居住条件、更优美的环境，期盼孩子们能成长得更好、工作得更好、生活得更好。人民对美好生活的向往，就是我们的奋斗目标。"[1] "把生态文明建设放到更加突出的位置。这也是民意所在。"[2] 人民群众不是对国内生产总值增长速度不满，而是对生态环境不好有更多不满。我们一定要明白，到底要什么？一方面，在社会发展的低级阶段，人们为生存而挣扎、努力求温饱，摆脱贫穷落后是社会治理的主要着力点；另一方面，受限于劳

---

[1] 《十八大以来重要文献选编》（上），中央文献出版社 2014 年版，第 70 页。

[2] 习近平：《在十八届中央政治局常委会会议上关于第一季度经济形势的讲话》（2013 年 4 月 25 日），载《习近平关于社会主义生态文明建设论述摘编》，中央文献出版社 2017 年版，第 83 页。

动力水平对环境的开发利用速度远低于生态环境的自我修复速度时，环境问题作为民生的属性尚未凸显出来。但随着近现代科学技术的迅猛发展，一方面，给人类的生产生活带来极大的便利，人类社会也因此得以不断前进；另一方面，基于自然资源被过度开发、透支，消耗超过再生速率，污染物质的排放超过环境容量，环境问题就不断显现，并严重威胁生命健康。

环境保护既是发展问题，也是民生问题。生态环境中清洁的大气每个人都需要呼吸，清洁的淡水每个人都需要饮用，不受污染的土壤更是生产粮食的最基本条件，因而生态环境作为一种特殊的公共产品比其他任何公共产品都更重要。然而，空气、水、土壤质量的保持与维护具有强烈的外部性，要保护它们不受污染，就会与某些小集体的经济利益产生冲突，从而发生公地悲剧现象。当小集体只顾自己的局部利益，认为总体生态环境是社会的事情、国家的事情，且大家都这样以邻为壑地自我发展时，最终结果就是整个国家乃至于整个人类的生存环境都会受到冲击甚至完全破坏。当代中国社会公众普遍感受到的喝上干净的水、呼吸上新鲜的空气、吃上放心的食品这一建设生态文明的最朴素心愿之艰难，即反映了这种理论困境和实践艰难。

早在 2007 年，党的十七大首次将"生态文明"这一术语写入报告时，社会各界对此解读为"生产发展、生态良好、生活幸福"的"三生共赢"新文明形态。党的十八大进一步把生态文明建设纳入国家发展的战略。习近平总书记强调："经济发展、GDP 数字的加大，不是我们追求的全部，我们还要注重社会进步、文明兴盛的指标，特别是人文指标、资源指标、环境指标；我们不仅要为今天的发展努力，更要对明天的发展负责，为今后的发展提供良好的基础和可以永续利用的资源和环境。"① 2016 年 8 月，习近平总书记在主持全国卫生与健康大会时又特别指出："要按照绿色发展理念，实行最严格的生态环境保护制度，建立健全环境与健康监测、调查、风险评估制度，重点抓好空气、土壤、水污染的防治，加快推进国土绿化，……切实解决影响人民群众健康的突出环境问题。"② 习近平总书记把环境保护提升到民生和重大战略问题的层面，给予高度重视，是满满的为民情怀和党的宗旨的体现，是习近平新时代中国特色社会主义思想体系中生态文明思想的核心要义。

事实上，无论是发展经济还是保护环境，都要以实现人民群众的根本利益为根本的出发点和最终归宿。在古典的福利经济学概念体系里，公共产品并没有包括无须人类劳动付出即可免费获取的空气和水，而多指需要社会付出而提供的医疗服务、教育资源、就业机会等。良好的生态环境意味着清洁的空气、干净的水源、安全的食品、丰富的物产、优美的景观，在受到破坏的情况下，不论穷人、富人，均不可幸免，因而生态环境具有明显的普惠性和公

---

① 《绿水青山就是金山银山——习近平同志在浙江期间有关重要论述摘编》，《浙江日报》2015 年 4 月 17 日第 3 版。

② 习近平：《在全国卫生与健康大会上的讲话》（2016 年 8 月 19 日），载《习近平关于社会主义生态文明建设论述摘编》，中央文献出版社 2017 年版，第 90—91 页。

平性。随着生态环境问题的日益严峻和对社会生活影响的深化，生态环境的公共产品属性越来越明显地展现出来。"最公平的公共产品"既强调了治理结果的重要性，也强调了治理过程的主体责任。承担环境治理主体责任，是各级政府的基本义务、重要功能，必须以提前规划、引导的自觉将绿色化要求贯穿经济社会治理全过程。唯此，才能吸取先发国家的教训，避免大代价且无序的环保进程，化被动为主动。习近平总书记从实现人民群众过上更加幸福美好生活的目标出发，视良好的生态环境为最公平的公共产品、最普惠的民生福祉，这是在新的历史条件下对我们党民生思想的完善、丰富和发展。人民群众对干净的水、新鲜的空气、安全的食品、优美的环境的要求越来越强烈，生态环境保护慢不得、等不起。

现时代，虽然我国的生态文明建设取得了重大进展和积极成效，但资源约束趋紧、生态系统退化的形势依然十分严峻，大气污染、水污染、土壤污染等各类环境污染事件频发，不仅影响民众的福祉水平，而且危及基本民生。从城乡一体化进程中的生态文明建设来看，由于对环境保护重视不够，广大农民聚居区环保基础设施滞后，农田大量施用化肥农药造成农村生态破坏日益严重，农业和生态环境受到严重冲击，水源污染、水体富营养化严重，农、畜、水产品有毒有害物质残留超标。食品不安全，危及健康，这都使得民生的基础保障出现危机。

与此同时，生态环境问题，一头牵着群众生活品质和基本民生福祉，也越来越成为重大的政治问题，另一头牵着社会的和谐稳定。从现状看，环境污染已成为导致社会不公、诱发矛盾冲突的重要隐患，处理不好将严重影响社会的稳定、削弱政府的权威和公信力、抵消改革开放和经济社会建设取得的成果。习近平总书记就此指出："在生态环境保护上一定要算大账、算长远账、算整体账、算综合账，不能因小失大、顾此失彼、寅吃卯粮、急功近利。"① 他强调，"生态环境问题……是利国利民利子孙后代的一项重要工作，决不能说起来重要、喊起来响亮、做起来挂空挡"②。提出"要科学布局生产空间、生活空间、生态空间，扎实推进生态环境保护，让良好的生态环境成为人民生活质量的增长点"③。

坚持全心全意为人民服务，是中国共产党的宗旨，是党的最高价值取向。始终为实现人民的利益服务，得到最广大人民群众的拥护，是衡量党的路线、方针和政策是否正确的最高标准。积极主动地响应群众呼声，努力实现和满足群众的期待，是各级干部思考一切问题的出发点和落脚点，是一切工作的主轴和主题。加强环境保护，建设生态文明，是关系人民福祉、关乎民族未来

---

① 习近平：《在云南考察工作时的讲话》（2015 年 1 月 19 日—21 日），载《习近平关于社会主义生态文明建设论述摘编》，中央文献出版社 2017 年版，第 8 页。

② 习近平：《在中央经济工作会议上的讲话》（2014 年 12 月 9 日），载《习近平关于社会主义生态文明建设论述摘编》，中央文献出版社 2017 年版，第 25—26 页。

③ 习近平：《在华东七省市党委主要负责同志座谈会上的讲话》（2015 年 5 月 27 日），载《习近平关于社会主义生态文明建设论述摘编》，中央文献出版社 2017 年版，第 27 页。

的长远大计。环境的状况和质量，直接影响着人们的生存状态。因此，保护生态环境就是保障民生，改善生态环境也是改善民生，生态环保工作是民生工作的重要组成部分，在这一问题上，各级政府必须高度重视，保持清醒认识，以最广大人民利益为环境保护工作的出发点和落脚点，关爱最广大人民的生命健康，服务最广大人民，解决最广大人民最关心、最直接、最现实的环境问题，以满足人民群众不断增长的环境质量需要。拥有了良好的生态环境，人民群众的生存和发展才能获得更加广阔的空间，才能在物质水平不断改善和提高的同时，充分享受生活质量的改善，感受精神的愉悦和满足，从而跨入更高、更好的生活境界。

二　小康全面不全面，生态环境是关键

"小康社会"是邓小平同志在 20 世纪 70 年代末 80 年代初在规划中国经济社会发展蓝图时提出的战略构想，2012 年党的十八大报告首次正式指出"全面建成小康社会"。20 世纪 70 年代至今，我国平均经济增长率接近两位数，几乎是同期世界发达国家的 3 倍，然而生态环境特别是大气、水、土壤污染严重，正成为全面建成小康社会的突出短板。实践表明，以拼资源要素为主要特征的高消耗、高投入、粗放型增长模式已不可持续，西方发达国家在上百年工业化过程中分阶段出现的环境问题，在我国更是以"时空压缩"的方式集中呈现出来。新常态背景下，资源约束趋紧、环境承受力脆弱、生态系统退化的形势十

分严峻，已成为制约经济社会可持续和可健康发展的重大因素，也是影响人民群众"获得感""幸福感"的重大因素。为此，习近平总书记指出，"小康全面不全面，生态环境质量很关键"①。

良好的生态环境是全面小康的题中应有之义。全面，是对工作力度、深度、广度的要求，体现在覆盖地域的全面，体现在覆盖人群的全面，也体现在覆盖领域的全面，这是政治、经济、社会、文化、生态等各项事业全面发展的全面小康，要不断提高人民群众生活水平、改善民生，同时让人民群众享有蓝天绿水、健康身心、丰富多彩的文化生活。因此，在衡量标准里，既要重视"物"的标准，又要重视人的标准；既要看有形的指标，用科学合理的指标体系评估取得的成绩，又要看无形的指标，把民众满意不满意作为重要的评判标准，这样的全面，才是不分区域、不论城乡都能共享的全面小康，也是民众看得见、摸得着、感受得到、充分认可的全面小康。我们要建成的小康社会，是改革发展成果真正惠及十几亿人口的小康社会，是经济、政治、文化、社会、生态全面发展的小康社会。习近平总书记强调："让良好生态环境成为人民生活的增长点、成为展现我国良好形象的发力点，让老百姓呼吸上新鲜的空气、喝上干净的水、吃上放心的食物、生活在宜居的环境中、切实感受到经济发展带来的实实在在的

---

① 习近平：《在参加十二届全国人大二次会议贵州代表团审议时的讲话》（2014 年 3 月 7 日），载《习近平关于社会主义生态文明建设论述摘编》，中央文献出版社 2017 年版，第 8 页。

环境效益,让中华大地天更蓝、山更绿、水更清、环境更优美,走向生态文明新时代。"①

　　生态文明建设有利于让人民群众有更多获得感。按照经济学理论,如果说经济建设、社会发展的最终目标是造福百姓,让人民群众提升"幸福感",实现民生福祉最大化,那么生态文明建设则在提升百姓"幸福感"方面更加直接有效。当下,中国已经到了全面建成小康社会的决定性阶段,环境问题凸显期、环保标准提高期,环境公共服务供需矛盾亟待解决。我国主要污染物和二氧化碳排放量都居世界第一,处于排放高平台期,对地下水、土壤和公众健康的负面影响还在上升,生态系统功能十分脆弱;尽管主要污染物排放增幅增速得到有效遏制,但持续增加的排放,远远超过环境容量,产业结构与能源结构战略性调整尚未完成,环境压力依然超过环境承载。因此"十三五"期间仍要实施主要污染物排放总量控制。未来10年,绝大部分污染物排放量都将跨越"峰值",生态系统可望得到改善。人民群众对环境质量与环境健康安全的要求越来越高,环境质量与人民群众的预期之间,差距将可能进一步拉大。就此而言,环境质量有可能成为全面建成小康社会的最大短板。如何理解全面的要求,民众在这一过程中是否具有"获得感",关系到这一战略目标的成效。如

---

　　①　习近平:《在省部级主要领导干部学习贯彻党的十八届五中全会精神专题研讨班上的讲话》(2016年1月18日),载《习近平关于社会主义生态文明建设论述摘编》,中央文献出版社2017年版,第33页。

期全面建成小康社会，着力补齐生态文明建设这块短板，实现生态环境质量总体改善，至关重要。

深入剖析老百姓的幸福感，其实包含多方面的内容，既要有稳定的就业和稳定的收入增长，又要享受好的医疗和养老保障，还要有好的生存环境。生态环境与人们的生活息息相关。满足人民群众对良好生态环境的新期待，是全面建成小康社会的基本要求。随着收入水平提升与中等收入人群数量扩张，人民群众对幸福的内涵有了新的认识，对与生命健康息息相关的环境问题越来越关切，期盼更多的蓝天白云、绿水青山，渴望更清新的空气、更清洁的水源。环境公共服务需求日益增长与供给滞后之间的矛盾，正在凸显。失去生态环境的保障，发展成就就会大打折扣，人民的幸福感就难以真正提高。只有大力推进生态文明建设，不断满足人民群众对生态环境质量的需求，不断夯实经济社会发展的生态基础，才能实现真正意义上的全面小康，让人民群众对美好幸福生活的梦想成真。

生态环境的建设，事关全面小康社会的实现。然而，补小康社会建设的生态环境短板，不仅需要提高认识，更需要采取行动。习近平总书记指出："要实施重大生态修复工程，增强生态产品生产能力。"[①] 环境保护和治理要以解决损害群众健康突出环境问题为重点，坚持预防为主、综合治理，强化水、大气、土壤等污染防治，着力推进重

---

① 习近平：《在十八届中央政治局第六次集体学习时的讲话》（2013 年 5 月 24 日），载《习近平关于社会主义生态文明建设论述摘编》，中央文献出版社 2017 年版，第 46 页。

点流域和区域水污染防治，着力推进重点行业和重点区域大气污染治理。党的十八届五中全会指出："必须坚持节约优先、保护优先、自然恢复为主的基本方针，采取有力措施推动生态文明建设在重点突破中实现整体推进。"① 基于此，按照习近平总书记重要论述的基本要求，我们要做好坚持预防为主、防治结合，集中力量先行解决危害群众健康的突出问题。要坚持多管齐下，切实把生态文明建设的理念、原则、目标融入经济社会发展各方面，落实到各级各类规划和各项工作中；要按照"十三五"规划的明确要求，贯彻落实绿色发展理念，完善基于主体功能区的政策和差异化绩效考核，推动各地区依据主体功能定位发展；要坚持生态环境保护优先、自然恢复为主，全面实施山水林田湖生态保护和修复工程，提升生态环境的系统稳定性，筑牢生态安全屏障；要加快转变经济发展方式，完善资源节约型与环境友好型社会的各项制度。确保小康社会的全面实现，让人民群众切实享受改革开放的成果，提升获得感和幸福感。

三　改善环境就是发展生产力

环境是生产力，生产力本身也是民生最关键的要素。习近平总书记指出："纵观世界发展史，保护生态环境就

---

① 习近平：《在十八届中央政治局第六次集体学习时的讲话》（2013 年 5 月 24 日），载《习近平关于社会主义生态文明建设论述摘编》，中央文献出版社 2017 年版，第 9 页。

是保护生产力，改善生态环境就是发展生产力。"①

生产力是人们顺应自然、改造社会的能力。人们对生产力的认识是不断深化的。② 在人类社会发展过程中，生产力内涵已不断深化，外延也呈现不断拓展的趋势；同时，生产关系和上层建筑也不断变化，同生产力之间的关系日益复杂。生产力发展不仅包含数量扩张，而且经常发生质量和结构变化。一方面，生态环境为人类提供了生产力三大基本要素中的各种自然要素，包括作为劳动资料的土地，以及作为劳动对象的森林、矿藏等。在生产力系统的运行过程中，人们以自身的活动引发、调整和控制人与自然之间物质和能量的转换，也就是说，生产力系统的运行是人们通过利用自然和改造自然，不断向自然索取财富以满足自身欲望和需求的过程。在这个过程中，作为生产力核心要素的人与作为基本要素的外部生态环境相互影响、相互作用。在工业文明时代，受对自然规律认识所限，人类突出强调的是对自然的掠夺、征服和战胜，经济社会发展的同时，也伴随着环境污染、资源短缺、物种灭绝、气候变暖等全球性的生态灾害和危机。进入生态文明时代，人们已经充分认识到保护外部生态环境的重要意义，认识到生态环境会影响到生产力的结构、布局和规模，进而影响到生产力的运

---

① 习近平：《在海南考察工作结束时的讲话》（2013 年 4 月 10 日），载《习近平关于社会主义生态文明建设论述摘编》，中央文献出版社 2017 年版，第 4 页。

② 生产力是由劳动者、劳动资料和劳动对象等基本要素构成的复杂系统，是人们认识、改造、利用和保护自然的综合能力。

行效率和效益。

另一方面,从生产力对自然的作用来看,在一定的历史条件下会发生功能升级,即在大幅度增强原有功能的同时出现新的功能。着眼于现代社会和未来发展,我们不难发现,除了认识自然、改造自然和利用自然之外,在生产力内部已逐渐生成了一种保护自然的能力(包括生态平衡和修复能力、原生态保护能力、环境监测能力、污染防治能力等)。基于此,我们对生产力这一作为马克思唯物主义观的核心要素的内涵在新时代要有新的认识。生产力应当是人们认识、改造、利用和保护自然的综合能力,这四种功能的整合,构成人与自然和谐相处的生产力。实际上,生产力离不开自然,生态环境也是生产力。

此外,从经济系统与自然生态系统关系范畴来看,经济系统与自然生态系统之间是对立统一的。在经济系统与自然生态系统构成生态经济系统中,经济系统以自然生态系统为基础,人类的经济活动要受到自然生态系统容量的限制。两者共同反映的是全局利益与局部利益、长远利益与眼前利益、根本利益与表象利益之间的矛盾。当两个系统彼此适应时,就达到生态经济平衡,实现人与自然的和谐统一,复合系统就是稳定的、可持续发展的,这是我们要努力追求的良性循环状态;当两个系统彼此冲突时,就导致生态经济失衡,循环被破坏,复合系统趋于不稳定、不可持续。生态经济协调发展规律提醒我们,人类必须使自身的经济活动水平保持一个适当的"度",以实现生态经济系统的协调发展①。在这方面我们的教训是深刻的，如监察部曾通报的十起破坏生态环境责任追究典型案例②，企业非法排污，直接危害当地甚至流域内人民群众的生命健康。再如近年雨季我国很多城市城区积水成"海"，很重要的一个原因就是城市发展中肆意填湖填河挤占了生态空间。

　　长期以来，我们习惯把人和生产工具这两个因素当作社会生产力，并把生产力理解为人们征服和改造自然的能力。但马克思主义经典作家从未把自然生态环境排除在社会生产力的组成要素之外。马克思在《资本论》中就用"劳动的各种社会生产力""劳动的一切社会生产力""劳动的自然生产力"等概念阐明生产力的丰富内涵。马克思主义生产力概念不仅包括人的劳动和创造力，而且包括作为人类生存依托和劳动对象的自然界。特别是随着人类走向生态文明新时代，生态环境所涉及的方方面面无不与生产力有关，生态环境越来越成为重要的生产力。习近平总书记指出："我们要构筑尊崇自然、绿色发展的生态体系。人类可以利用自然、改造自然，但归根结底是自然的一部

---

① 参见沈满洪《生态经济学》，中国环境科学出版社 2008 年版，第 29 页。

② 2013 年 10 月 24 日监察部就广西、天津、河北、山东、上海、河南等地十起破坏生态环境责任追究典型案例发出通报，强调推进生态文明建设、保护生态环境是各级政府和职能部门的重大责任，要求各级监察机关加强监督检查，督促地方政府和有关部门认真履行生态环境保护和监管职责，切实维护人民群众和子孙后代的环境权益。

分，必须呵护自然，不能凌驾于自然之上。"① 生态环境没有替代品，用之不觉，失之难存。

过去我们对发展的本质认识不够，把发展简单地等同于 GDP 的增长，就是生产劳动产品，没有意识到生态产品同样是人类生存发展的必需品之一，也没有生态环境的自然价值和自然资本的概念，在开发利用自然环境与资源的过程中没有能正确处理人和自然的关系，对人的行为缺乏约束，造成了生态环境的破坏。实践证明，不可能离开经济发展单独抓环境保护，更不能以破坏生态环境为代价去追求一时的经济发展。要在科学保护的前提下，在环境承载力的范围内，努力促进经济生态化、生态经济化，推动经济发展和环境保护双赢。要树立大局观、长远观、整体观，坚持节约资源和保护环境的基本国策，要像保护眼睛一样保护生态环境，要像对待生命一样对待生态环境，通过环境保护来保证发展的可持续性，通过经济社会的可持续发展来创造更加优良的生态环境，实现环境保护与经济发展的协调、融合与统一。

以习近平总书记生态环境就是生产力的科学论断为指导，要求我们在实践中，坚持绿色发展理念。中华民族要永续发展，社会要进步，经济要稳中求进，环境要改善，民生要提高，完成这一系列艰巨任务的关键，就是要坚持绿色发展。绿色发展和可持续发展是当今世界的时代潮

---

① 习近平:《携手构建合作共赢新伙伴，同心打造人类命运共同体》(2015 年 9 月 28 日)，载《习近平关于社会主义生态文明建设论述摘编》，中央文献出版社 2017 年版，第 131 页。

流，我国绿色发展的理念，同国际社会倡导的绿色发展和可持续发展高度契合。国际上倡导的绿色发展，就是发展方式的绿色转型，更多依靠科技进步两点为主要特色。生态环境已成为一个国家和地区综合竞争力的重要组成部分，绿色发展是增强综合实力和国际竞争力的必由之路。因此，我国的绿色发展，是确保中华民族屹立于世界民族之林提高国际竞争力的需要，也可以在国际上展示我国的良好形象，树立发展转型的中国模式，为人类可持续发展提供中国经验，为全球生态安全作出新贡献。

　　不仅如此，我们要立即付诸行动，以"最大决心"推动绿色发展，探索可持续的发展路径和治理模式。习近平总书记指出：协调发展、绿色发展既是理念又是举措，务必政策到位、落实到位。① 绿色发展的基础工作，就是要科学布局生产空间、生活空间、生态空间。坚持绿色发展，就是要坚持节约资源和保护环境的基本国策，坚持可持续发展，形成人与自然和谐发展现代化建设新格局，让资源节约、环境友好成为主流的生产、生活方式。党的十九大报告指出要"着力解决突出环境问题。坚持全民共治、源头防治，持续实施大气污染防治行动，打赢蓝天保卫战。加快水污染防治，实施流域环境和近岸海域综合治理。强化土壤污染管控和修复，加强农业面源污染防治，开展农村人居环境整治行动。加强固体废弃物和垃圾处置。提高污染排放标准，强化排污者责任，健全环保信用

---

　　① 转引自李裴《以生态文明理念引领绿色发展》，《人民日报》2015年6月9日第7版。

评价、信息强制性披露、严惩重罚等制度"①,要求"实行最严格的生态环境保护制度,形成绿色发展方式和生活方式,坚定走生产发展、生活富裕、生态良好的文明发展道路,建设美丽中国,为人民创造良好生产生活环境,为全球生态安全作出贡献"②。马克思亦说过:"社会是人同自然界的完成了的本质的统一,是自然界的真正复活。"③ 人与自然之间不是主仆关系、对抗关系,而是同呼吸、共命运的关系。

习近平总书记"保护生态环境就是保护生产力、改善生态环境就是发展生产力"的科学论断,为我们指明了生态建设与生产力发展是一种相生而非相克的关系,完全能够实现相互促进、协调发展。一方面,生产力的发展离不开外部生态环境,生态环境是影响生产力结构、布局和规模的一个决定性因素,它直接关系到生产力系统的运行和效益;另一方面,利用优良的生态环境,可以在保护的基础之上因地制宜地发展生物资源开发、生态旅游、环保等产业,使生态优势转变为经济优势。特别是现代经济社会的发展,对环境的依赖度越来越高,环境越好,对于生产要素的吸引力、凝聚力就越强,对于经济社会发展的承载能力也就越强。

---

① 习近平:《决胜全面建成小康社会 夺取新时代中国特色社会主义伟大胜利——在中国共产党第十九次全国代表大会上的报告》,人民出版社 2017 年版,第 51 页。

② 同上书,第 24 页。

③ 《马克思恩格斯文集》第 1 卷,人民出版社 2009 年版,第 187 页。

　　综观习近平总书记"环境就是民生,环境就是生产力"的科学论断,其体现了习近平总书记执政为民的情怀,继承和发展了马克思主义生产力观、人与自然发展观,并对人与自然的关系作了更为深入的剖析。我们要以习近平生态文明思想为根本遵循,清醒认识保护生态环境、治理环境污染的紧迫性和艰巨性,清醒认识加强生态文明建设的重要性和必要性,以对人民群众、对子孙后代高度负责的态度和责任,解放生态生产力、发展生态生产力,真正下决心把环境污染治理好、把生态环境建设好,努力走向社会主义生态文明新时代,为人民创造良好生产生活环境,良好的生态环境是永续发展的必要条件和人民对美好生活追求的重要体现。

第四章

促进人与自然的和谐共生

当代的生态问题，西方人总以为能够以一物降一物、以一种技术去克服另一种技术难题的征服者姿态去解决。整个工业生产就像一台紧绷着弦的大机器，循环往复，一部分设备进行产品生产，一部分设备进行废弃物净化处理。但其结果却是制造出了积重难返、无以复加的更大难题。美国环境伦理学会创始人罗尔斯顿指出："传统西方伦理学未曾考虑过人类主体之外的事物的价值。……在这方面似乎东方很有前途。东方的这种思想没有事实和价值之间，或者人与自然之间的界限。在西方，自然界被剥夺了它固有的价值，它只有作为工具的价值。"[1] 习近平总书记关于"尊重自然、顺应自然、保护自然，促进人与自然和谐共生"的重要论述，既是中华民族先贤生态智慧、东方智慧在当代中国的一脉相承，也是中国人民认知生态文明理念、感受人与自然天然相符和谐的精神家园，更为探求生态文明建设的本质提供了思想和文化的土壤。

---

[1] 邱仁宗主编：《国外自然科学哲学问题》，中国社会科学出版社 1994 年版，第 252 页。

一　生态文明建设需要具备生态系统观

生态系统是在一定地区内，生物和它们的非生物环境（物理环境）之间进行着连续的能量和物质交换所形成的一个生态学功能单位。对生态系统来说，生态平衡是整个生物圈保持正常的生命维持系统的重要条件。

生态系统观是习近平生态文明思想的重要构成，并且形成较早。1989 年，时任福建省宁德市地委书记的习近平在《干部的基本功——密切联系人民群众》一文中，就融汇了生态系统观，他以朴素的语言写道："例如，修了一道堤，人行车通问题解决了，但水的回流没有了，生态平衡破坏了；大量使用地热水，疗疾洗浴问题解决了，群众很高兴，但地面建筑下沉了，带来了更为棘手的后果；这类傻事千万干不得！"①

习近平总书记的生态系统观主要体现在三个方面。

第一是提出"山水林田湖草是一个生命共同体"理念。地球生态系统包含森林、草原、荒漠、冻原、沼泽、河流、海洋、湖泊、农田和城市等诸多要素，每个要素也构成一个功能相对缩减的亚生态系统、子生态系统。习近平总书记认为，要保护一个区域的生态平衡，首先就需要把它们作为一个生命共同体来考虑。

第二是重视"尊重自然、顺应自然、保护自然"理念

---

① 习近平：《摆脱贫困》，福建人民出版社 1992 年版，第14 页。

的传播与实践。建立可持续发展的生态系统是生态文明建设的重要内容。习近平总书记认为，要建立一个和谐的生态系统，重要前提条件之一就是要尊重自然，不能盲目构建人为的生态系统。"中国将按照尊重自然、顺应自然、保护自然的理念，贯彻节约资源和保护环境的基本国策，更加自觉地推动绿色发展、循环发展、低碳发展。"①

第三是从系统论的角度探索生态保护与环境治理的路径。生态保护与环境治理涉及众多方面，政策措施不全面，就会出现"按下葫芦浮起瓢"的问题。习近平总书记多次强调，生态保护与环境治理是一个系统工程。

习近平生态文明思想是习近平新时代中国特色社会主义思想的重要组成部分。在习近平新时代中国特色社会主义思想中，一个具有全局性、前瞻性的创新是提出了"创新、协调、绿色、开放、共享"新发展理念。党的十八届五中全会提出创新、协调、绿色、开放、共享的发展理念，是针对我国经济发展进入新常态、世界经济复苏低迷开出的药方。新的发展理念就是指挥棒，要坚决贯彻。对不适应、不适合甚至违背新的发展理念的认识要立即调整，对不适应、不适合甚至违背新的发展理念的行为要坚决纠正，对不适应、不适合甚至违背新的发展理念的做法要彻底摒弃。同时，新发展理念是不可分割的整体，相互联系、相互贯通、相互促进，要一体坚持、一体贯彻，不

---

① 习近平：《致生态文明贵州国际论坛二〇一三年年会的贺信》（2013 年 7 月 18 日），载《习近平关于社会主义生态文明建设论述摘编》，中央文献出版社 2017 年版，第 20 页。

能顾此失彼，也不能相互替代。

习近平总书记不仅重视阐述生态系统观，还重视把生态系统观应用到实践。1973—2006 年，从村支书到省委书记，习近平的诸多实践都体现了其持续的生态热情和对大自然尊重、敬重的伦理情怀。

——小小沼气池，生态理念先。在陕西梁家村，习近平同志自费到四川省取经，回村修建了陕北第一口沼气池，带领村民建成了全省第一个沼气化村，解决了沼气再利用、村民做饭、照明困难的系列难题。此外，他与村民一起，打了两口井后，把旱地变成了水地；再紧接着就是改变地理条件，前后打了五个大坝，打坝造田。

——宁肯不要钱，也不要污染。在主政河北省正定县时，习近平同志于 1985 年制订《正定县经济、技术、社会发展总体规划》，明确提出正定县在 20 世纪末以前环保工作的基本目标：制止对自然环境的破坏，防止新污染发生，治理现有污染源。特别强调：宁肯不要钱，也不要污染，严格防止污染搬家、污染下乡。

——资源开发要重视社会、经济、生态等要素的协调性。在主政福建省宁德市时，习近平同志强调，资源开发不是单一的，而是综合的；不是单纯讲经济效益的，而是要达到社会、经济、生态三者效益的协调。他把开发林业资源作为闽东振兴的一个战略问题来抓，引用群众的话"什么时候闽东的山都绿了，什么时候闽东就富裕了"来说明发展林业是闽东脱贫致富的主要途径。

——生态兴则文明兴，生态衰则文明衰。在主政浙江省时，习近平同志提出："生态兴则文明兴，生态衰则文明衰。"不重视生态的政府是不清醒的政府，不重视生态的领导是不称职的领导，不重视生态的企业是没有希望的企业，不重视生态的公民不能算是具备现代文明意识的公民。2001 年，时任福建省省长的习近平亲自担任福建省生态建设领导小组组长，前瞻性地提出建设"生态省"的战略构想，开始了福建省有史以来最大规模的系统性的生态保护工程。

担任国家领导人以来，在生态系统建设方面，习近平总书记又对很多地方的具体工作作出了重要指示。例如，针对长江经济带的发展，他指出："长江经济带作为流域经济，涉及水、路、港、岸、产、城和生物、湿地、环境等多个方面，是一个整体，必须全面把握、统筹谋划。要增强系统思维，统筹各地改革发展、各项区际政策、各领域建设、各种资源要素，使沿江各省市协同作用更明显，促进长江经济带实现上中下游协同发展、东中西部互动合作，把长江经济带建设成为我国生态文明建设的先行示范带、创新驱动带、协调发展带。要优化已有岸线使用效率，把水安全、防洪、治污、港岸、交通、景观等融为一体，抓紧解决沿江工业、港口岸线无序发展的问题。要优化长江经济带城市群布局，坚持大中小结合、东中西联动，依托长三角、长江中游、成渝这三大城市群带动长江经济带发展。"①

---

① 习近平：《在推动长江经济带发展座谈会上的讲话》（2016年 1 月 5 日），载《习近平关于全面建成小康社会论述摘编》，中央文献出版社 2016 年版，第 57 页。

二　山水林田湖草是一个生命共同体

习近平总书记指出："山水林田湖是一个生命共同体，形象地讲，人的命脉在田，田的命脉在水，水的命脉在山，山的命脉在土，土的命脉在树。……如果破坏了山、砍光了林，也就破坏了水，山就变成了秃山，水就变成了洪水，泥沙俱下，地就变成了没有养分的不毛之地，水土流失、沟壑纵横。"① 在党的十九大报告中，习近平总书记进一步把"山水林田湖"完善为"山水林田湖草"——"坚持节约资源和保护环境的基本国策，像对待生命一样对待生态环境，统筹山水林田湖草系统治理"。

在自然界，任何生物群落都不是孤立存在的，它们总是通过能量和物质的交换与其生存的环境不可分割地相互联系、相互作用着，共同形成一种统一的整体，这样的整体就是生态系统。一个完整的生态系统包含山水林田湖草等要素，保持这些要素之间的平衡，是人类社会可持续发展的重要保障。马克思指出："自然界，就它自身不是人的身体而言，是人的无机的身体。人靠自然界生活。这就是说，自然界是人为了不致死亡而必须与之处于持续不断地交互作用过程的、人的身体。所谓人的肉体生活和精神生活同自然界相联系，不外是说自然界同自身相联系，因

---

① 习近平：《在中央财经领导小组第五次会议上的讲话》（2014 年 3 月 14 日），载《习近平关于社会主义生态文明建设论述摘编》，中央文献出版社 2017 年版，第 55—56 页。

为人是自然界的一部分。"①

习近平总书记就山水林田湖草等各要素对生态系统的重要性，有过多次论述或重要批示。第一，关于"山"。如，陕西省秦岭北麓山区曾私建上百套别墅，山体被肆意破坏，生活污水随意排放，有的地方甚至把山坡人为削平，圈占林地，对生态环境破坏得十分严重，老百姓意见很大。看到材料后，经习近平总书记批示后，这些存在多年的违法建筑被一举拆除。第二，关于"水"。森林、湖泊、湿地是天然水库，具有涵养水量、蓄洪防涝、净化水质和空气的功能。然而，全国面积大于10平方千米的湖泊已有200多个萎缩；全国因围垦消失的天然湖泊近1000个；全国每年1.6万亿立方米的降水直接入海，无法利用。针对这种严峻形势，习近平总书记指出："如果再不重视保护好涵养水源的森林、湖泊、湿地等生态空间，再继续超采地下水，自然报复的力度会更大。"②"水稀缺的一个重要原因是涵养水源的生态空间大面积减少，盛水的'盆'越来越小，降水存不下、留不住。"③治水的问题，过去我们系统研究不够，今天就是专门研究从全局角度寻求新的治理之道，不是

---

① 《马克思恩格斯选集》第1卷，人民出版社1995年版，第45页。

② 习近平：《在北京市考察工作结束时的讲话》（2014年2月26日），载《习近平关于社会主义生态文明建设论述摘编》，中央文献出版社2017年版，第52页。

③ 转引自慎海雄主编《习近平改革开放思想研究》，人民出版社2018年版，第265页。

头疼医头、脚疼医脚。西藏要保护生态，要把中华水塔守好，不能捡了芝麻丢了西瓜，生态出问题得不偿失。①第三，关于"林"。习近平总书记指出："森林是陆地生态系统的主体和重要资源，是人类生存发展的重要生态保障。不可想象，没有森林，地球和人类会是什么样子。全社会都要按照党的十八大提出的建设美丽中国的要求，切实增强生态意识，切实加强生态环境保护，把我国建设成为生态环境良好的国家。"②第四，关于"田"。习近平总书记指出："国土是生态文明建设的空间载体。……要按照人口资源环境相均衡、经济社会生态效益相统一的原则，整体谋划国土空间开发，……给自然留下更多修复空间。"③第五，关于"湖"。2013 年 3 月，在十二届全国人大一次会议期间，习近平总书记饶有兴致地回忆起 2012 年 7 月苏州之行，他说："'天堂'之美在于太湖美，不是有一首歌就叫《太湖美》吗？确实生态很重要，希望苏州为太湖增添更多美丽色彩。"④第六，关于

---

① 参见段芝璞、罗布次仁、高敬、张京品：《沿着绿色可持续发展道路前行——西藏构筑重要生态安全屏障纪实》，新华每日电讯，2017 年 6 月 12 日。

② 习近平：《在参加首都义务植树活动时的讲话》（2013 年 4 月 2 日），载《习近平关于社会主义生态文明建设论述摘编》，中央文献出版社 2017 年版，第 115 页。

③ 习近平：《在十八届中央政治局第六次集体学习时的讲话》（2013 年 5 月 24 日），载《习近平关于社会主义生态文明建设论述摘编》，中央文献出版社 2017 年版，第 43—44 页。

④ 转引自曹林《环保人，请将压力转化为雪耻动力》，新华每日电讯，2013 年 3 月 22 日。

"草"，习近平总书记也多次谈到，如2014年考察内蒙古时，习近平总书记针对内蒙古的生态环境问题指出，出路主要有两条，一条是继续组织实施好重大生态修复工程，搞好京津风沙源治理、三北防护林体系建设、退耕还林、退牧还草等重点工程建设；一条是积极探索加快生态文明制度建设。①

山水林田湖草之间是互为依存又相互激发活力的复杂关系，并有机地构成一个生命共同体，它们之间通过相互作用达到一个相对稳定的平衡状态。如果其中某一成分变化过于剧烈，就会引起一系列的连锁反应，使生态平衡遭到破坏。恩格斯指出："我们所接触到的整个自然界构成一个体系，即各种物体相联系的总体，而我们在这里所理解的物体，是指所有物质的存在，从星球到原子，甚至直到以太粒子，如果我们承认以太粒子存在的话。这些物体处于某种联系之中，这就包含了这样的意思：它们是相互作用着的……只要认识到宇宙是一个体系，是各种物体相联系的总体，就不能不得出这个结论。"②

改革开放以来，我国在短时间里走过了西方国家几百年的发展道路，爆发力惊人，却在一定程度上"噎"在了消化发展成果上。见招拆招已不足以应对纷至沓来的难题，治理能力亟待有效整合。比如，除环保部门外，

---

① 参见《美好梦想，奔驰在辽阔草原——以习近平同志为核心的党中央关心内蒙古发展纪实》，新华社，2017年8月6日。

② 《马克思恩格斯选集》第4卷，人民出版社1995年版，第347页。

污染防治职能分散在海洋、港务监督、渔政等部门；资源保护职能分散在矿产、林业、农业、水利等部门；综合调控管理职能分散在发改委、财政、国土等部门。由此可见，若要落实一项涉及多部门的环保大计，需要用多少精力来协调。习近平总书记指出："由一个部门负责领土范围内所有国土空间用途管制职责，对山水林田湖进行统一保护、统一修复是十分必要的。"① 也就是说，山水林田湖草，各有其权益，但更是生命共同体。在开发利用过程中必须冲破"博弈思维"，割舍"部门利益"，形成更高层面的协调机制，把各类生态资源纳入统一治理的框架之中。

三 尊重自然, 顺应自然, 保护自然

习近平总书记多次强调，要树立尊重自然、顺应自然、保护自然的理念。"推进生态文明建设，必须全面贯彻落实党的十八大精神，以邓小平理论、'三个代表'重要思想、科学发展观为指导，树立尊重自然、顺应自然、保护自然的生态文明理念，坚持节约资源和保护环境的基本国策，坚持节约优先、保护优先、自然恢复为主的方针，……着力树立生态观念、完善生态制度、维护生态安全、优化生态环境，形成节约资源和保护环境的空间格

---

① 习近平：《关于〈中共中央关于全面深化改革若干重大问题的决定〉的说明》（2013 年 11 月 9 日），载《习近平关于全面深化改革论述摘编》，中央文献出版社 2014 年版，第 109 页。

局、产业结构、生产方式、生活方式。"①

在人类社会的发展过程中，人与自然的关系始终是人类永恒的主题。历史地看，人与自然关系理念的演进可以大致分为"天定胜人""人定胜天"以及"人与自然和谐共生"三个阶段。习近平总书记不断促进人与自然和谐发展的重要论述，以其广阔的胸怀、全球的眼光，实现了由历史走向历史、不断实现"尊重自然、顺应自然、保护自然"认识新境界的三重跨越。

一是"天定胜人"阶段。这主要存在于生产力相对落后的时代——主要是指工业革命之前的原始社会和农业社会时期。在这一漫长的阶段，与自然力量相比，人类的力量是弱小的，既不能科学认识也没有力量应对很多自然现象，对自然的改造也停留在初级阶段。诚如马克思所说，"自然界起初是作为一种完全异己的、有无限威力的和不可制服的力量与人们对立的，人们同自然界的关系完全像动物同自然界的关系一样，人们就像牲畜一样慑服于自然界，因而，这是对自然界的一种纯粹动物式的意识"②。由于人类在自然面前的无力感，导致自然界的很多现象及物体都被神化或神秘化，人在各种"自然神"（如太阳神、月亮神等）面前显得相对弱小。在这一时期，人类对自然的较大规模的改造活动也往往被赋予神话色彩，例如，中

---

① 习近平：《在十八届中央政治局第六次集体学习时的讲话》（2013 年 5 月 24 日），载《习近平关于社会主义生态文明建设论述摘编》，中央文献出版社 2017 年版，第 19 页。
② 《马克思恩格斯选集》第 1 卷，人民出版社 1995 年版，第 81—82 页。

国古代神话故事大禹治水、愚公移山等。

二是"人定胜天"阶段。工业文明时代，18 世纪 80 年代，以珍妮纺纱机和瓦特蒸汽机使用为标志的英国工业革命，既开创了机器大生产的生产方式，也开创了人类"人定胜天""战天斗地"的新纪元。由于人类对自然资源的过度开发以及非正常利用，不仅干扰了自然生态的正常演化，而且破坏了整个自然生态系统的平衡与稳定，导致全球性大范围出现生态危机。其中，臭氧层破坏、温室效应、酸雨、土地荒漠化以及水、土壤、大气的污染问题已成为世界性的生态危机问题；乱砍滥伐、过度耕作使世界四分之一的耕地严重退化，三分之一以上的土地面临沙漠化；各类污水排放、土壤污染也使水污染问题日益突出。目前，全世界有近三分之一的人口缺少安全用水，每天有数以万计人的死亡与水污染有关，食品中毒事件经常发生。造成人与自然关系严重失衡的原因是多方面的，不尊重自然规律、掠夺式开发、过度开发却是重要因素。

三是"人与自然和谐共生"阶段。正是深刻认识到"人定胜天"理念存在的不足，在人与自然关系的认知方面，当代中国开始进入"人与自然和谐共生"阶段，并逐渐成为当代社会的一个主流思想。建立人与自然全面和谐共生和协调发展的关系，需要认识到，人类只是自然的一部分，不是万物的尺度。正如习近平同志所指出："生态环境方面欠的债迟还不如早还，早还早主动，否则没法向后人交代。你善待环境，环境是友好的；你污染环境，环境总有一天会翻脸，会毫不留情地报复你。这是自然界的客观规律，不以人的意志为转移。因此，对于环境污染的治理，要不惜用真金白银来还债。"①

就其关系范畴而言，"人与自然和谐共生"理念不同于"天定胜人"观念，这是因为，人与自然的生态文明理念认知，在于人能够通过实践形成指导实践的经验、文化和意识。恰如恩格斯所指出："我们对自然界的全部统治力量，就在于我们比其他一切生物强，能够认识和正确运用自然规律。事实上，我们一天天地学会更正确地理解自然规律，学会认识我们对自然界的习常过程所作的干预所引起的较近或较远的后果。"② 显然，也不同于"人定胜天"观念，因为，它强调人在改造自然的过程中需要尊重自然、顺应自然、保护自然，是对"人类中心主义"理念的反思。

特别需要指出，在当前的中国，尽管人们已经逐步认识到"人与自然和谐共生"的重要性与必要性，但在实践中，伪生态文明现象，甚至是反生态的现象还大量存在。我们认为，所谓"伪生态文明建设"，其突出特点是违背自然规律、超越生态承载能力和环境容量建设。如城市绿地建设，一些城市为迅速达到美化城市、提高城市森林覆盖率的目的，投入巨资，购买大树甚至将古树移栽到城市。这种绿化模式，对于大树或古树的原有地来说，等同于一次生态洗劫，而树木移植到新的地方，也未必能形成

---

① 习近平：《努力建设环境友好型社会》（2005 年 5 月 16 日），载《之江新语》，浙江人民出版社 2007 年版，第 141 页。

② 《马克思恩格斯选集》第 4 卷，人民出版社 1995 年版，第 384 页。

新的生态环境。此其一例。其二例，许多缺水城市投入巨大的人力财力物力，建设人工湖泊，喷灌人工草地，兴建高耗水的高规格草坪，这种违背自然规律的"绿水青山"，同样也是对生态环境的严重破坏，既违背了生态文明建设尊重自然、顺应自然的初衷，也是不可持续的。其三例，一些地方在生态文明建设旗号下，"今天植草坪，明天改花园，后天栽大树。这种生态折腾不但没有产生任何价值，而且成本巨大，显然与生态文明建设的初衷背道而驰"[①]。习近平总书记敏锐地观察到了这种现象，他指出："为什么这么多城市缺水？一个重要原因是水泥地太多，把能够涵养水源的林地、草地、湖泊、湿地给占用了，切断了自然的水循环，雨水来了，只能当作污水排走，地下水越抽越少。解决城市缺水问题，必须顺应自然。比如，在提升城市排水系统时要优先考虑把有限的雨水留下来，优先考虑更多利用自然力量排水，建设自然积存、自然渗透、自然净化的'海绵城市'。"[②] 因而，"发展必须是遵循经济规律的科学发展，必须是遵循自然规律的可持续发展，必须是遵循社会规律的包容性发展"[③]。

---

①　陈梦玳：《"伪生态文明建设"之风不可长》，《经济参考报》2014年12月24日第1版。

②　习近平：《在中央城镇化工作会议上的讲话》（2013年12月12日），载《习近平关于全面深化改革论述摘编》，中央文献出版社2014年版，第110页。

③　转引自《引领中国经济巨轮扬帆远航：以习近平同志为总书记的党中央推动经济社会持续健康发展述评》，人民出版社2014年版，第7页。

党的十八大以来，习近平总书记多次明确要求，要尊重自然、顺应自然、保护自然，推动形成人与自然和谐发展现代化建设新格局。以国内考察调研为例。在云南考察时，习近平总书记指出：新农村建设一定要走符合农村实际的路子，遵循乡村自身发展规律，充分体现农村特点，注意乡土味道，保留乡村风貌，留得住青山绿水，"记得住乡愁"①。在青海考察时，习近平总书记强调，要尊重自然、顺应自然、保护自然，坚决筑牢国家生态安全屏障②。

生态文明理念，事关人类地球家园。在诸多重大国际场合，习近平主席同样多次传播人与自然和谐这一理念，以传达当代中国实现人与自然和谐发展的坚定信心。如，在参加联合国总部第 70 届联合国大会一般性辩论时，习近平主席阐述了我国尊崇自然、绿色发展的生态理念，这既是向世界阐述后工业时代我国的发展目标——"我们要解决好工业文明带来的矛盾，以人与自然和谐相处为目标，实现世界的可持续发展和人的全面发展"，同时，也是向世界表达中国勇于承担国际责任的决心——"建设生态文明关乎人类未来。国际社会应该携手同行，共谋全球生态文明建设之路，牢固树立尊重自然、顺应自然、

---

① 习近平：《在中央城镇化工作会议上的讲话》（2013 年 12 月 12 日），载《习近平关于社会主义生态文明建设论述摘编》，中央文献出版社 2017 年版，第 49 页。

② 习近平：《尊重自然顺应自然保护自然 坚决筑牢国家生态安全屏障》，《人民日报》2016 年 8 月 25 日第 1 版。

保护自然的意识，坚持走绿色、低碳、循环、可持续发展之路。在这方面，中国责无旁贷，将继续作出自己的贡献"①。2015 年 11 月，在第 21 届联合国气候变化大会开幕式上，习近平主席发表题为"携手构建合作共赢、公平合理的气候变化治理机制"的重要讲话，他说："'万物各得其和以生，各得其养以成。'中华文明历来强调天人合一、尊重自然。面向未来，中国将把生态文明建设作为'十三五'规划重要内容，落实创新、协调、绿色、开放、共享的发展理念，通过科技创新和体制机制创新，实施优化产业结构、构建低碳能源体系、发展绿色建筑和低碳交通、建立全国碳排放交易市场等一系列政策措施，形成人和自然和谐发展现代化建设新格局。"②

四 生态保护与环境治理是系统工程

随着人类社会改造自然能力的增强，人类社会的活动日益超出自然的自我修复能力，经济增长与生态环境保护也就逐步变成一对矛盾的因素。发达国家大都经历过"先污染后治理"的发展历程，在社会财富极大丰富的同时，也付出了惨痛的生态环境代价。

----

① 习近平：《携手构建合作共赢新伙伴，同心打造人类命运共同体》（2015 年 9 月 28 日），载《习近平关于社会主义生态文明建设论述摘编》，中央文献出版社 2017 年版，第 131 页。

② 习近平：《携手构建合作共赢、公平合理的气候变化治理机制——在气候变化巴黎大会开幕式上的讲话》，人民出版社 2015 年版，第 6 页。

发达资本主义国家发展过程中经历的这一教训本身值得我国借鉴。但改革开放以来，伴随着经济的快速发展，我国的环境污染问题也日益突出。许多地方、不少领域没有处理好经济发展同生态环境保护的关系，以无节制消耗资源、破坏环境为代价换取经济发展，导致能源资源、生态环境问题越来越突出。我们所希望的避开发达国家"先污染后治理"发展路径的愿望并没有实现，甚至发展成"边污染边治理"，如果不改变这种经济发展模式，资源环境将难以支撑中国的可持续发展。

生态保护与环境治理是生态文明建设的重要内容，在诸多重要场合，习近平总书记都强调了自然生态保护与环境治理的重要性。

在广东省考察时，习近平总书记谆谆告诫："我们在生态环境方面欠账太多了，如果不从现在起就把这项工作紧紧抓起来，将来会付出更大的代价。"[1] 在云南洱海边，习近平总书记指示，"生态环境保护是一个长期任务，要久久为功"[2]。一定要把洱海保护好，让"苍山不墨千秋画，洱海无弦万古琴"的自然美景永驻人间。

长期地方工作的具体实践，使习近平总书记深刻认识到生态保护与环境治理是一项复杂的系统工程，必须作为

---

[1] 习近平：《在十八届中央政治局第六次集体学习时的讲话》（2013 年 5 月 24 日），载《习近平关于社会主义生态文明建设论述摘编》，中央文献出版社 2017 年版，第 7 页。

[2] 习近平：《在云南考察工作时的讲话》（2015 年 1 月 19日—21 日），载《习近平关于社会主义生态文明建设论述摘编》，中央文献出版社 2017 年版，第 26 页。

重大民生实事紧紧抓在手上。要坚持标本兼治和专项治理并重、常态治理和应急减排协调、本地治污和区域协调相互促进，多策并举，多地联动，全社会共同行动。在北京考察调研时，习近平总书记指出：像北京这样的特大城市，环境治理是一个系统工程，必须作为重大民生实事紧紧抓在手上。①

习近平总书记系统保护生态与治理环境的重要论述主要体现在以下一些方面。

第一，重视从政治的高度考虑生态保护与环境治理问题。习近平总书记指出："经济上去了，老百姓的幸福感大打折扣，甚至强烈的不满情绪上来了，那是什么形势？所以，我们不能把加强生态文明建设、加强生态环境保护、提倡绿色低碳生活方式等仅仅作为经济问题。这里面有很大的政治。"② "这些年，北京雾霾严重，可以说是'高天滚滚粉尘急'，严重影响人民群众身体健康，严重影响党和政府形象。"③

第二，重视政策法规与机制建设。习近平总书记认为："只有实行最严格的制度、最严密的法治，才能为生

①　参见《习近平在京考察　就建设首善之区提五点要求》，新华网，2014 年 2 月 26 日。

②　习近平：《在十八届中央政治局常委会会议上关于第一季度经济形势的讲话》（2013 年 4 月 25 日），载《习近平关于社会主义生态文明建设论述摘编》，中央文献出版社 2017 年版，第 5 页。

③　习近平：《在参加河北省常委班子专题民主生活会时的讲话》（2013 年 9 月 23 日—25 日），载《习近平关于社会主义生态文明建设论述摘编》，中央文献出版社 2017 年版，第 85 页。

态文明建设提供可靠保障。"① "要建立责任追究制度，我这里说的主要是对领导干部的责任追究制度。对那些不顾生态环境盲目决策、造成严重后果的人，必须追究其责任，而且应该终身追究。"② "推进生态文明建设，解决资源约束趋紧、环境污染严重、生态系统退化的问题，必须采取一些硬措施，真抓实干才能见效。"③ 党的十八届五中全会指出：加大环境治理力度，以提高环境质量为核心，实行最严格的环境保护制度，深入实施大气、水、土壤污染防治行动计划，实行省以下环保机构监测监察执法垂直管理制度。

第三，重视扭正片面追求发展速度的"唯 GDP 论"政绩观。长期以来，我们的生态环境陷入"破坏—治理—再破坏—再治理"的恶性循环，究其主要原因，是"唯 GDP 论"作祟，必须重塑政绩观。在河北省参加省委常委班子党的群众路线教育实践活动专题民主生活会时，习近平总书记说道："要给你们去掉紧箍咒，生产总值即便滑到第七、第八位了，但在绿色发展方面搞上去了，在治理大气污染、解决雾霾方面作出贡献了，那就可以挂红花、当英雄。反过来，如果就是简单为了生产总值，但生态环境问题越演越烈，或者说面貌依旧，即便搞上去了，那也

---

① 习近平：《在十八届中央政治局第六次集体学习时的讲话》（2013 年 5 月 24 日），载《习近平关于社会主义生态文明建设论述摘编》，中央文献出版社 2017 年版，第 104 页。

② 同上书，第 100 页。

③ 《十八大以来重要文献选编》（中），中央文献出版社 2016 年版，第 782 页。

是另一种评价了。"① 在黑瞎子岛考察时，习近平总书记强调：黑瞎子岛不要建成开发区、工程区、游乐场。岛上建的基础设施都应是对生态起保护作用的。保护生态，留一张白纸。②

第四，重视把生态保护、环境治理与发挥其经济社会效益结合起来。习近平总书记认为："小康全面不全面，生态环境质量是关键。"③ 要创新发展思路，发挥后发优势。因地制宜选择好发展产业，让绿水青山充分发挥经济社会效益，切实做到经济效益、社会效益、生态效益同步提升，实现百姓富、生态美有机统一。

第五，重视听取民意，重视人们的需要。习近平总书记认为，人民群众对清新空气、清澈水质、清洁环境等生态产品的需求越来越迫切，生态环境越来越珍贵。我们必须顺应人民群众对良好生态环境的期待，推动形成绿色低碳循环发展的新方式，并从中创造新的增长点。生态环境问题是利国利民利子孙后代的一项重要工作，决不能说起来重要、喊起来响亮、做起来挂空挡。

第六，强调生态保护与环境治理的重要性和必要性。

---

① 习近平：《在参加河北省常委班子专题民主生活会时的讲话》（2013 年 9 月 23 日—25 日），载《习近平关于社会主义生态文明建设论述摘编》，中央文献出版社 2017 年版，第 21 页。

② 参见《习近平登上黑瞎子岛：保护生态，留一张白纸》，新华网，2016 年 5 月 25 日。

③ 习近平：《在参加十二届全国人大二次会议贵州代表团审议时的讲话》（2014 年 3 月 7 日），载《习近平关于社会主义生态文明建设论述摘编》，中央文献出版社 2017 年版，第 8 页。

习近平总书记指出："要清醒认识保护生态环境、治理环境污染的紧迫性和艰巨性，清醒认识加强生态文明建设的重要性和必要性，真正下决心把环境污染治理好、把生态环境建设好，为人民创造良好生产生活环境。"①

第七，重视从长远考虑。不谋万世者，不足谋一时；不谋全局者，不足谋一域。习近平总书记指出："生态环境保护是一个长期任务，要久久为功。"②

第八，强调时不我待。"我们在生态环境方面欠账太多了，如果不从现在起就把这项工作紧紧抓起来，将来付出的代价会更大。"③

第九，重视推动具体的生态环境工程。习近平总书记指出："要实施重大生态修复工程，增强生态产品生产能力。"④ 环境保护和治理要以解决损害群众健康突出环境问题为重点，坚持预防为主、综合治理，强化水、大气、土壤等污染防治工程，着力推进重点流域和区域水污染防治

---

① 习近平：《在十八届中央政治局第六次集体学习时的讲话》（2013 年 5 月 24 日），载《习近平关于社会主义生态文明建设论述摘编》，中央文献出版社 2017 年版，第 7 页。

② 习近平：《在云南考察工作时的讲话》（2015 年 1 月 19 日—21 日），载《习近平关于社会主义生态文明建设论述摘编》，中央文献出版社 2017 年版，第 26 页。

③ 习近平：《在广东考察工作时的讲话》（2012 年 12 月 7 日—11 日），载《习近平关于社会主义生态文明建设论述摘编》，中央文献出版社 2017 年版，第 3 页。

④ 习近平：《在十八届中央政治局第六次集体学习时的讲话》（2013 年 5 月 24 日），载《习近平关于全面建成小康社会论述摘编》，中央文献出版社 2016 年版，第 167 页。

工程，着力推进重点行业和重点区域大气污染治理工程。

第十，重视综合治理。习近平总书记强调："各级党委和政府要以功成不必在我的思想境界，统筹推进山水林田湖综合治理，加快城乡绿化一体化建设步伐，增加绿化面积，提升森林质量，持续加强生态保护，共同把祖国的生态环境建设好、保护好。"①

第十一，重视从微观层面着手提出生态保护与环境治理的具体方法。习近平总书记指出："比如，在提升城市排水系统时要优先考虑把有限的雨水留下来，优先考虑更多利用自然力量排水，建设自然积存、自然渗透、自然净化的'海绵城市'。许多城市提出生态城市口号，但思路却是大树进城、开山造地、人造景观、填湖填海等。这不是建设生态文明，而是破坏自然生态。"②

第十二，强调区域合作。习近平总书记指出"要增强系统思维，统筹各地改革发展、各项区际政策、各领域建设、各种资源要素"③，"要促进要素在区域之间流动，增强发展统筹度和整体性、协调性、可持续性，提高要素配

① 习近平：《在参加首都义务植树活动时的讲话》（2013 年 3 月 29 日），载《习近平关于社会主义生态文明建设论述摘编》，中央文献出版社 2017 年版，第 76 页。

② 习近平：《在中央城镇化工作会议上的讲话》（2013 年 12 月 12 日），载《习近平关于社会主义生态文明建设论述摘编》，中央文献出版社 2017 年版，第 49 页。

③ 习近平：《在推动长江经济带发展座谈会上的讲话》（2016 年 1 月 5 日），载《习近平关于社会主义生态文明建设论述摘编》，中央文献出版社 2017 年版，第 69 页。

置效率"①。

五 传承中国传统生态智慧

全面、深入理解和把握习近平总书记生态系统观，尚需从中华传统文化的生态智慧中明晰习近平生态文明思想的中华传统优秀文化情怀。

当今时代，资源约束趋紧，环境污染严重，生态系统退化形势严峻，是全球性的生态难题。这一难题备受社会各界关注。中国传统文化饱含系统丰富的生态智慧，今天依然为当代生态文明建设提供深远的启发和宝贵的经验。习近平总书记多次强调：当代人类面临许多突出的难题。要解决这些难题，不仅需要运用人类今天发现和发展的智慧和力量，而且需要运用人类历史上积累和储存的智慧和力量。② 包括儒家思想在内的中国优秀传统文化中蕴藏着解决当代人类面临的难题的重要启示。面对"人与自然关系日趋紧张"这一当代生态文明建设突出难题，包括"道法自然""天人合一"在内的中华文化的"丰富哲学思想、人文精神、教化思想、道德理念等，可以为人们认识和改造世界提供有益启迪，可以为治国理政提供有益启

① 习近平：《在推动长江经济带发展座谈会上的讲话》（2016年1月5日），载《习近平关于社会主义生态文明建设论述摘编》，中央文献出版社2017年版，第70页。

② 参见习近平《从延续民族文化血脉中开拓前进　推进各种文明交流交融、互学互鉴》，《浙江日报》2014年9月25日第5版。

示，也可以为道德建设提供有益启发"。

"天地人和""元亨利贞"自然和合观是中华传统文化的基本精神之一。"天地人和"是《周易》对宇宙结构和宇宙整体的看法。《易·序卦传》说："三才者，天地人"；"元亨利贞"是《周易》对如何保持万物和谐、坚固而得其终的基本理念。《易·乾卦》说："乾，元亨利贞。"这两方面是和谐统一的整体。"有天地，然后有万物；有万物，然后有男女"，天、地、人既相互独立，又"保合太和，乃利贞"。和合思想滋养了中国人一种近乎宗教般的悲天悯人的意识，使中国人的文化基因里浸透着对大自然生命的珍视，对中国文化的发展具有广泛而久远的影响。

"天人合一""与天地参"是儒家关于人与自然关系的最基本思想。汉儒董仲舒说："天人之际，合而为一。"季羡林对其解释为："天，就是大自然；人，就是人类；合，就是互相理解，结成友谊。"如何实现天人合一？答曰："与天地参。"《中庸》说："唯天下至诚，为能尽其性；能尽其性，则能尽人之性；能尽人之性，则能尽物之性；能尽物之性，则可以赞天地之化育；可以赞天地之化育，则可以与天地参矣。"即人把握了天生的"诚"（天地之本），发展人和万物的本性，就可以"尽物之性""尽人之性"，从而赞助天地万物的变化和生长，使万物生生不息，人就可以同天地并列为三，实现天地人的和谐发展。用今天的话说，就是自然、经济和社会的可持续发展，这是人类社会发展的至高目标。天人合一观为两千年来儒家思想的一个重要命题，确立了中国哲学和中华传统的主流精神，显示出中国人特有的宇宙观和中国人独特的价值追求以及思考问题、处理问题的特有方法。

　　"道法自然""道常无为"蕴含着现代生态文明理念。《老子》第二十五章说："人法地，地法天，天法道，道法自然"；第三十七章又说："道常无为而无不为。"前者是老子思想精华之所在，它把自然法则看成是宇宙万物和人类世界的最高法则。老子认为，自然法则不可违，人道必须顺应天道，人只能是"效天法地"，要将天之法则转化为人之准则，顺应天理。它既是客观规律，又是人类的"至德"。后者是道家学说的理论基础，指出道化生天地万物，任其自然生长，其表现是无为的，但从其结果来看，没有一样不是生机有序的，因而，道表现无为，结果有为。它告诫人们不妄为、不强为、不乱为，要顺其自然，因势利导地处理好人与自然的关系。党的十八大要求树立尊重自然、顺应自然、保护自然的生态文明理念，是对道家道法自然的思想的传承、发展和应用。

　　"众生平等""大慈大悲"的佛教思想是实现生态文明的重要途径。佛教主张众生平等，《大乘玄论》中说："不但众生有佛性，草木亦有佛性。……若众生成佛时，一切草木亦得成佛。"主张尊重生命，反对滥杀滥伐和破坏生态平衡；佛教主张大慈大悲，《妙法莲华经》说："大慈大悲，常无懈倦，恒作善事，利益一切。"既要救其死，又要护其生。这种"放生"的精神对于维护生态平衡，维护生命的丰富性与多样性，具有很强的现实意义。《联合国生物多样性公约》开宗明义地指出：缔约国意识到生物多样性的内在价值，还意识到生物多样性的保护是全人类的共同关切事项。佛教虽为外来文化，但很好地实现了与中国本土文化的融合，对中国文化产生了很大影响和作用，在中国历史上留下了灿烂辉煌的佛教文化遗产，成为中华传统文化的重要组成部分。

基于此，中华民族独特的生态智慧或文化基因，可以概括为天人合一、道法自然、众生平等。这种智慧和基因，最为显著的两个特征：第一，每一个生命个体都可以通过自身德性修养、践履而上契天道，进而实现"上下与天地合流"或"与天地合其德"；第二，人类群体与自然界和谐共处，它指天是人类生命的最终根源和最后归宿，人要顺天、应天、法天、效天，最终参天。一个文化创造力较强的民族，更容易赢得其他民族在观念上的尊重、情感上的亲近、行动上的支持。综观习近平生态文明思想，我们发现，其所要形成的生态文化的起点，是要求在全社会树立"尊重自然、顺应自然、保护自然"的全新的生态文明认知观，并以崭新的文明观、文化形态实现中华传统文明在新时代的升华，从而为中华民族的全面复兴奠定了生态文化和绿色文明的基础。同时，也"为解决人类问题贡献了中国智慧和中国方案"①。

---

① 习近平：《决胜全面建成小康社会　夺取新时代中国特色社会主义伟大胜利——在中国共产党第十九次全国代表大会上的报告》，人民出版社 2017 年版，第 10 页。

第五章

守住生态与发展两条底线

习近平总书记指出，要善于运用底线思维的方法，凡事从坏处准备，努力争取最好的结果，做到有备无患、遇事不慌，牢牢把握主动权。底线思维能力，就是客观地设定最低目标，立足最低点，争取最大期望值的一种积极的思维能力。当前，尽管我国生态文明建设取得了一定成绩，但更要看到问题，清醒地认识到我国生态环境总体恶化的趋势尚未根本扭转。面对诸多问题，我们必须不断加大工作力度，坚决遏制生态环境恶化趋势，使生态环境逐步改善、不断优化。但同时也要清醒地认识到，我国仍处于并将长期处于社会主义初级阶段，发展是第一要务，发展仍是解决我国所有问题的关键。习近平总书记指出，我们要守住发展和生态两条底线。这就要求要同时重视发展与生态问题，不仅要两手抓，而且两手都要硬。

一　生态文明建设需要坚守两条底线

守住发展和生态两条底线是习近平生态文明思想的重要组成部分，一般简称"两条底线"。"生态底线"是指生态环境及资源能承受的最大值，而"发展底线"在当前中国主要是指脱贫攻坚彻底消除贫困所需要的经济发展水平，没有发展就无法建设真正的生态文明。

习近平生态文明思想不仅重视生态环境的保护，而且重视发展。习近平总书记的"两条底线"理念最初是对贵州提出的，2013 年 11 月，习近平总书记听取贵州工作汇报时，要求贵州守住发展和生态两条底线。随后又多次对贵州提出明确要求，"要正确处理发展和生态环境保护的关系，在生态文明建设体制机制改革方面先行先试，把提出的行动计划扎扎实实落实到行动上，实现发展和生态环境保护协同推进"①。"正确处理好生态环境保护和发展的关系，也就是绿水青山和金山银山的关系，是实现可持续发展的内在要求，也是我们推进现代化建设的重大原则。"②

要守住发展和生态两条底线，不仅是习近平总书记对贵州经济社会发展提出的明确要求，也是他对全国各地的殷切希望。习近平总书记的两条底线理念主要体现在三个方面。

其一，既可以加快发展，又可以守护好生态。发展和生态保护存在一定的矛盾，但两者又存在一定的兼容性，

---

① 习近平：《在贵州考察工作时的讲话》（2015 年 6 月 16 日—18 日），载《习近平关于社会主义生态文明建设论述摘编》，中央文献出版社 2017 年版，第 27 页。

② 习近平：《在参加十二届全国人大二次会议贵州代表团审议时的讲话》（2014 年 3 月 7 日），载《习近平关于社会主义生态文明建设论述摘编》，中央文献出版社 2017 年版，第 22 页。

关键在发展模式与发展道路的选择上。习近平总书记认为：“只要指导思想搞对了，只要把两者关系把握好、处理好了，既可以加快发展，又能够守护好生态。”①

其二，牢固树立生态红线的观念。生态红线是国家生态安全的底线和生命线。习近平总书记强调：“生态红线的观念一定要牢固树立起来。我们的生态环境问题已经到了很严重的程度，非采取最严厉的措施不可，不然不仅生态环境恶化的总态势很难从根本上得到扭转，而且我们设想的其他生态环境发展目标也难以实现。要精心研究和论证，究竟哪些要列入生态红线，如何从制度上保障生态红线，把良好生态系统尽可能保护起来。列入后全党全国就要一体遵行，决不能逾越。在生态环境保护问题上，就是要不能越雷池一步，否则就应该受到惩罚。”②

其三，生态底线也是发展底线。发展，是为了保障和提升生活品质。而生态底线的维护和改进，也是发展的内容、发展的目标、发展的基线。保障人民群众呼吸上新鲜的空气、喝上干净的水、吃上放心的食物，实质上是环境质量安全底线，是维护人类生存的基本环境质量需求的安全底线，这也是习近平总书记一直都很关心的主题。

“两条底线”的论述是习近平总书记底线思维的重要

---

① 习近平：《在参加十二届全国人大二次会议贵州代表团审议时的讲话》（2014 年 3 月 7 日），载《习近平关于社会主义生态文明建设论述摘编》，中央文献出版社 2017 年版，第 22 页。

② 习近平：《在十八届中央政治局第六次集体学习时的讲话》（2013 年 5 月 24 日），载《习近平关于社会主义生态文明建设论述摘编》，中央文献出版社 2017 年版，第 99 页。

构成。底线思维是习近平新时代中国特色社会主义思想的鲜明的理论特性。党的十八大以来，习近平总书记多次强调要坚持底线思维，切实做好工作。要善于运用底线思维的方法，凡事从坏处准备，努力争取最好的结果，做到有备无患、遇事不慌，牢牢把握主动权。

就"底线"本身而言，主要的理解有三种：一是把底线看作一种相对模糊的目标诉求，一定的限度；二是把底线看作一种数值概念，主要是指事情在能力范围前的临界值；三是把底线作为空间概念来理解，主要是指划定的空间界限。综观习近平新时代中国特色社会主义思想的底线思维，主要体现在以下几个方面。

一是法律底线。法律体现国家意志，是全体公民行为规范的底线。法是党的主张和人民意愿的统一体现，无论什么人都要在法律范围内活动。习近平总书记指出："领导干部要牢记法律红线不可逾越、法律底线不可触碰，带头遵守法律、执行法律，带头营造办事依法、遇事找法、解决问题用法、化解矛盾靠法的法治环境。谋划工作要运用法治思维，处理问题要运用法治方式，说话做事要先考虑一下是不是合法。"① "对违规违纪、破坏法规制度踩'红线'、越'底线'、闯'雷区'的，要坚决严肃查处，不以权势大而破规，不以问题小而姑息，

---

① 习近平：《在省部级主要领导干部学习贯彻十八届四中全会精神 全面推进依法治国专题研讨班上的讲话》（2015年2月2日），载《习近平关于协调推进"四个全面"战略布局论述摘编》，中央文献出版社2015年版，第111页。

不以违者众而放任，不留'暗门'、不开'天窗'，坚决防止'破窗效应'。"①

　　二是纪律底线。国有国法，家有家规。乡规民约，是法律底线得到遵循的前提和基础。一个部门、一个单位、一个集体，都要根据自身特点和工作实际，制定相应的法律规章来约束和规范内部成员的行为。中国共产党作为执政党，党规党纪体现着党的理想、信念、宗旨，是管党治党的尺子，也是党员不可逾越的底线。《中国共产党纪律处分条例》把党章对纪律的要求整合成政治纪律、组织纪律、廉洁纪律、群众纪律、工作纪律、生活纪律，开列负面清单，重在立规，划出了党组织和党员不可触碰的底线。

　　三是政策底线。政策是国家政权机关、政党组织和其他社会政治集团为了实现自己所代表的阶级、阶层的利益与意志，以权威形式标准化地规定在一定的历史时期内，应该达到的奋斗目标、遵循的行动原则、完成的明确任务、实行的工作方式、采取的一般步骤和具体措施。国家的方针政策是全国行动的准则，是各级组织和个人不可违反、不可变通的底线。习近平总书记指出："党中央提倡的坚决响应，党中央决定的坚决照办，党中央禁止的坚决杜绝，决不允许上有政策、下有对策，决不允许有令不行、有禁不止，决不允许在贯彻执行中央

---

　　①　习近平：《在十八届中央政治局第二十四次集体学习时的讲话》（2015年6月26日），载《习近平关于全面从严治党论述摘编》，中央文献出版社2016年版，第205页。

决策部署上打折扣。"①

四是道德底线。道德底线指的是人们应该遵循的社会公德的最低警戒线,是道德的最起码的基本规范,即对行为主体的最低道德要求。对社会成员而言,社会道德底线是诚实、厚道、有良心,不损害他人和社会,法律是最低的道德要求。中国共产党代表着中国先进生产力的发展要求、中国先进文化的前进方向、中国最广大人民的根本利益。对党员和党的干部来说,不仅要有明确的法律底线、纪律底线和政策底线,而且人民群众心中的道德底线也必须坚守。习近平总书记指出,"干部廉洁自律的关键在于守住底线。只要能守住做人、处事、用权、交友的底线,就能守住党和人民交给自己的政治责任,守住自己的政治生命线,守住正确的人生价值观。所有领导干部都必须把反腐倡廉当作政治必修课来认真对待,决不能把权力变成牟取个人或少数人私利的工具,永葆共产党人政治本色"②。习近平总书记要求党政干部要树立正确的世界观、人生观、价值观,点亮理想之光,补足精神之"钙",用心体察民情,用情为民造福,坚持严律己、有底线、守法纪,坚持勤政敬业、先之劳之,切实担负起促进改革发展稳定、持续改善民生的责任。③

---

① 习近平:《做焦裕禄式的县委书记》,中央文献出版社2015年版,第6页。

② 习近平:《依纪依法严惩腐败,着力解决群众反映强烈的突出问题》,载《十八大以来重要文献选编》(上),中央文献出版社2014年版,第138页。

③ 参见《习近平会见全国优秀县委书记》,新华网,2015年6月30日。

二 既可以加快发展，又可以守护好生态

准确认识"两条底线"的关系，是守住发展与生态"两条底线"的前提。发展是硬道理，是党执政兴国的第一要务，守住发展底线也是守住生态底线的重要保障。党的十八大强调，以经济建设为中心是我国的兴国之要，发展仍是解决我国所有问题的关键。目前我国经济总量虽已跃居世界第二，对世界经济的影响和拉动作用不断增强，但我国依然是一个发展中国家，人均 GDP 水平距世界平均水平尚有较大差距，不足发达国家人均水平的 1/5，综合经济竞争力与发达国家还存在明显差距。因此，只有推动经济持续健康发展，才能筑牢国家繁荣富强、人民幸福安康、社会和谐稳定的物质基础。全党全国必须坚持发展是硬道理的战略思想，决不能有丝毫动摇。

没有发展，就不可能有真正意义上的全面建成小康社会和中华民族伟大复兴的中国梦。同时，我们要保护环境、修复生态、建设更好的生态，实现天蓝、地绿、水清，都需要大量、持续的生态投入。这些生态建设的投入也只能来源于不断的发展。没有良好的发展作基础，强力推进生态修复、生态建设只能是一句空话。

同时，生态环境建设是经济建设的重要支撑力量，脱离环境保护搞经济发展是竭泽而渔。长期以来，在以经济建设为中心理念的指导下，很多地方弱化了环境保护的力度，以无节制消耗资源、破坏环境为代价换取经济发展，导致能源资源、生态环境问题越来越突出。造成社会经济

发展的空间和后劲不足，可持续发展难以为继。习近平总书记曾尖锐地批评一些干部的这种错误认识：把"发展是硬道理"片面地理解为"经济增长是硬道理"，把经济发展简单化为 GDP 决定一切。他认为，发展，说到底是为了社会的全面进步和人民生活水平不断提高，强调经济增长不等于经济发展，经济发展不单纯是速度的发展，经济的发展不代表着全面的发展，更不能以牺牲生态环境为代价。以人为本，其中很重要的一条，就是不能在发展过程中摧残人自身生存的环境。如果人口资源环境出现了严重的偏差，还有谁能够安居乐业，和谐社会又从何谈起？人都难以生存了，其他方面的成绩还有什么意义？环境保护和生态建设，早抓事半功倍，晚抓事倍功半，越晚越被动。那种要钱不要命的发展，那种先污染后治理、先破坏后恢复的发展，再也不能继续下去了。"要大力保护生态环境，实现跨越发展和生态环境协同共进。"①

当前，我国面临的生态环境问题主要包括：一是能源资源约束强化。人多地少、水资源紧张的问题日益突出，保障能源和重要矿产资源安全的难度越来越大。二是环境污染比较严重。我国相当部分的城市达不到新的空气质量标准。中东部地区特别是京津冀及周边地区频繁出现较大面积、较长时间、较高污染的雾霾天气，都集中凸显了我国大气污染形势的严峻性。全国江河水系、地下水污染和

---

① 习近平：《在福建考察工作时的讲话》（2014 年 11 月 1日、2 日），载《习近平关于社会主义生态文明建设论述摘编》，中央文献出版社 2017 年版，第 24 页。

饮用水安全问题不容忽视，有的地区重金属、土壤污染比较严重。三是生态系统退化问题突出。我国森林覆盖率不高，水土流失、沙漠化土地、退化草原面积比较大，自然湿地萎缩，河湖生态功能退化，生物多样性呈现下降趋势。四是国土开发格局不够合理。总体上存在生产空间偏多、生态空间和生活空间偏少等问题，一些地区由于盲目开发、过度开发、无序开发，已经接近或超过资源环境承载能力的极限。五是应对气候变化面临新的挑战。我国温室气体的排放总量大，减排任务繁重艰巨。六是环境问题带来的社会影响凸显。一些企业违法排污造成环境污染，群众和社会反响比较大。

也就是说，需要同时重视发展和生态两条底线。发展是解决中国很多问题的根本因素，没有持续的发展，就业和收入就上不去，社会稳定就可能出状况，各种改革也就缺乏保障力量。因此，保持一定发展速度，是我们国家必须要守住的发展底线。同时，守住生态底线也同样重要，尤其在当前，很多地方的环境承载能力已经达到或接近临界点，如果再压一根"稻草"，不仅环境问题堪忧，也会动摇经济发展的基础。

守住两条底线，要防止不作为倾向。例如，由于担心捅娄子、出问题，拿底线当"挡箭牌"，遇到问题绕着走，该改的不敢大刀阔斧地改，该闯的不敢义无反顾地闯，该试的不敢放开手脚去试。对于这一问题，习近平总书记指出："强调发展不能破坏生态环境是对的，但为了保护生态环境而不敢迈出发展步伐就有点绝对化了。实际上，只要指导思想对了，只要把两者关系把握好、处理好了，既可以加快发展，又能够守护好生态。"①

要守住生态与发展两条底线，就必须处理好生态和发展的关系，做到一起坚守，实现互动双赢。以贵州省为守住生态与发展两条底线发展目标的发展思路为例：

贵州省下决心要牢牢守住发展和生态两条底线，不走先污染后治理的老路，不走以牺牲环境为代价换取 GDP 一时增长的老路，也不走捧着绿水青山金饭碗过穷日子的穷路，要走生态优先、绿色发展，百姓富、生态美的新路。守住生态的底线，就是要坚持生态优先、绿色发展不动摇。牢牢守住山青、天蓝、水清、地洁四条底线。

具体目标是，在经济体量相对较小、发展基础相对薄弱的情况下，在一定时期内保持较快的发展速度是发展底线，不能增加落后产能、破坏生态环境是生态底线。为此，贵州省的经验是把握好三点：一是牢牢把握发展第一要务。坚持主题主线和稳中求进的工作总基调，以提高经济质量和效益为中心，一心一意地抓好经济发展，全力创造一个持续发展的新时期。二是大力建设生态文明。围绕建设生态文明先行区，建立严格的生态保护红线制度，实行市县实时监测全覆盖，保证全省环境质量总体稳定。三是走新型工业化道路。以科技创新、自主创新引领工业化、信息化融合发展、转型发展。根据实际情况，贵州省提出跳出能矿产业抓工业，推进传统产业生态化、特色产

---

① 习近平：《在参加十二届全国人大二次会议贵州代表团审议时的讲话》（2014 年 3 月 7 日），载《习近平关于社会主义生态文明建设论述摘编》，中央文献出版社 2017 年版，第 22 页。

业规模化、新兴产业高端化，推动循环发展、清洁发展、绿色发展。

三　以底线思维牢固树立生态红线的观念

与生态底线类似的表述还有一词——"生态红线"。生态红线，就是国家生态安全的底线和生命线，这个红线不能突破，一旦突破必将危及生态安全、人民生产生活和国家可持续发展。我国的生态环境问题已经到了很严重的程度，非采取最严厉的措施不可，不然不仅生态环境恶化的总态势很难从根本上得到扭转，而且我们设想的其他生态环境发展目标也难以实现。习近平总书记在党的十九大报告中指出，要"完成生态保护红线、永久基本农田、城镇开发边界三条控制线划定工作"。

就其基本内涵而言，生态红线主要包括三个方面的界定：一是空间红线。环境保护部印发的《生态保护红线划定技术指南》，生态红线即是指依法在重点生态功能区、生态环境敏感区和脆弱区等区域划定的严格管控边界，是国家和区域生态安全的底线。这是因为生物种群的繁衍需要一定的空间范围，才能有基本的食物供给和活动保障。例如东北虎保护，必须要有数百平方千米的自然空间范围，才能使其生活、生存、繁衍。饮用水源地保护，也必须划定空间范围，保护水源水质不受污染和破坏。耕地红线实际上也是一种空间管控的红线。二是资源消耗和环境质量红线。资源消耗红线规定的资源尤其是可再生资源利用的上限，例如水资源利用、木材采伐量、渔业捕捞量等，一旦突破就会资源衰减，系统崩毁。质量红线是以人类和生态系统健康需要为基础的。大气质量 $PM_{2.5}$ 浓度水平、水体化学需氧量浓度、土壤重金属含量，均涉及人类健康生活，必须满足一定的质量红线。三是为了满足和凸显空间红线和质量红线而以政策规定等制定的标准，例如排放标准、技术标准等政策红线。空间红线和质量红线是科学核定和测算的产物，不具备弹性空间。但标准一类的政策红线是根据产业特征、发展水平、技术能力等决定的，例如单位 GDP 能耗、单位 GDP 二氧化碳排放，具有工具手段属性。空间概念的生态保护红线旨在维护国家或区域生态安全和可持续发展，根据生态系统完整性和连通性的保护需求，划定的需实施特殊保护的区域；环境介质（空间、水、土壤）质量红线，主要是为了人类和生态系统健康安全而划定的，防止生态系统衰退甚至崩溃。生态红线一旦被突破，生态平衡必然遭到破坏，甚至会带来灾难性后果，以后即使投入大量的人力、财力、物力，也往往难以恢复原状。

"生态底线"与"生态红线"之间有着密切的联系。首先，在"生态红线"作为空间概念的背景下，划定红线区是保护一个区域生态底线的重要手段。整个国家都应守住生态底线，因此，每个区域都应看作底线区。但由于很多区域需要开发建设，只有少量区域才能被划为受政策法规严格保护的红线区，限制开发或禁止开发。在划定的红线区，水、土地、森林、能源等资源的开发利用都受到严格的保护，其目的就是严守该区域的生态底线。其次，以环境介质的阈值水平确立的"生态红线"，底线是确定红线的重要基础。生态环境领域一般应选取其承载力的极限值作为底线。由于底线一旦被突破，局面将无法挽回，需要利用政策法规予以保障，具有政策法规的约束力后，底线也就成了红线。由于底线具有一定的弹性，在一些生态环境保护与资源利用状况较好的地区，一些指标的底线标准相对较高，红线也相应较高。而对于一些生态环境破坏严重与资源利用状况较差的地区，一些指标底线与红线也可以在一个时期内采取"只能更好，不能变坏"标准。但无论哪种情况，底线值是确定红线值的重要基础。人们常说的红线就是底线，主要就是基于这种状况。

就其实质而言，生态保护红线的实质是生态环境安全的底线，目的是建立最为严格的生态保护制度，对生态功能保障、环境质量安全和自然资源利用等方面提出更高的监管要求，从而促进人口资源环境相均衡、经济社会生态效益相统一。

习近平总书记既重视推动全社会树立生态红线理念，"在生态环境保护问题上，就是要不能越雷池一步，否则就应该受到惩罚"①，同时也强调理念落实的重要性及路径，"要精心研究和论证，究竟哪些要列入生态红线，如何从制度上保障生态红线"②。就陕甘宁革命老区的发展，

① 习近平：《在十八届中央政治局第六次集体学习时的讲话》（2013 年 5 月 24 日），载《习近平关于社会主义生态文明建设论述摘编》，中央文献出版社 2017 年版，第 99 页。
② 习近平：《在十八届中央政治局第六次集体学习时的讲话》（2013 年 5 月 24 日），载《习近平关于全面建成小康社会论述摘编》，中央文献出版社 2016 年版，第 167 页。

他强调，推动陕甘宁革命老区发展，必须结合自然条件和资源分布，科学谋划、合理规划，在发展中要坚决守住生态红线，让天高云淡、草木成荫、牛羊成群始终成为黄土高原的特色风景①；就雪域高原的保护，他强调，严格生态安全底线、红线和高压线，完善生态综合补偿机制，切实保护好雪域高原，筑牢国家生态安全屏障②。习近平总书记之所以强调要牢固树立生态红线观念，不能越雷池一步，原因就在于，生态红线是国家生态安全的底线和生命线，这个红线不能突破，一旦突破必将危及生态安全、人民生产生活和国家可持续发展。

"生态保护红线"是继"18亿亩耕地红线"后，另一条被提到国家层面的"生命线"。2013年11月，习近平总书记在主持审议的《中共中央关于全面深化改革若干重大问题的决定》中提出，要划定生态保护红线。坚定不移实施主体功能区制度，建立国土空间开发保护制度，严格按照主体功能区定位推动发展，建立国家公园体制。建立资源环境承载能力监测预警机制，对水土资源、环境容量和海洋资源超载区域实行限制性措施。对限制开发区域和生态脆弱的国家扶贫开发工作重点县取消地区生产总值考核。

2015年3月，中共中央政治局召开会议，习近平总书

---

① 参见《把革命老区发展时刻放在心上》，新华网西安2015年2月17日电。

② 参见黎华玲等《坚守生态安全红线 共同保护碧水蓝天——西藏和四川省藏区干部群众热议中央第六次西藏工作座谈会精神》，《光明日报》2015年8月28日第1版。

记主持会议，审议通过《关于加快推进生态文明建设的意见》，该意见明确提出，要严守资源环境生态红线。树立底线思维，设定并严守资源消耗上限、环境质量底线、生态保护红线，将各类开发活动限制在资源环境承载能力之内。

为贯彻落实《中共中央国务院关于加快推进生态文明建设的意见》中严守资源环境生态红线的有关要求，指导红线划定工作，推动建立红线管控制度，加快建设生态文明，2016 年 5 月，国家发展和改革委员会等九部委印发《关于加强资源环境生态红线管控的指导意见》，在该意见中，"资源环境生态红线管控"被明确地提出并界定出来。

资源环境生态红线管控涵盖了三个方面的内容。

一是确定资源消耗的上限，也就是要合理设定全国及各地区资源消耗"天花板"，对能源、水、土地等战略性资源消耗总量实施管控，强化资源消耗总量管控与消耗强度管理的协同。特别是要设定资源消耗上限，制定有效管理制度。

二是要严守环境质量的底线，环境质量"只能更好、不能变坏"。按照以人为本、防治结合、标本兼治、综合施策的原则，建立以保障人体健康为核心、以改善环境质量为目标、以防控环境风险为基线的环境管理体系。以"大气十条""水十条""土十条"实施为契机，大力开展大气、水、土壤污染防治，努力改善环境质量，严控突发环境风险。

三是要划定生态保护红线，坚决遏制生态系统退化势头。当前，需要尽快依法确定生态保护红线范围、合理划

定生态保护红线边界，发挥生态保护红线在多规中的基线
作用。

实现严守资源消耗上限、环境质量底线、生态保护红
线的战略目标，需要完善的制度保障。习近平总书记指出：
"生态环境保护能否落到实处，关键在领导干部……认真
贯彻依法依规、客观公正、科学认定、权责一致、终身追
究的原则。要针对决策、执行、监管中的责任，明确各级
领导干部责任追究情形。对造成生态环境损害负有责任的
领导干部，不论是否已调离、提拔或者退休，都必须严肃
追责。各级党委和政府要切实重视、加强领导，纪检监察
机关、组织部门和政府有关监管部门要各尽其责、形成合
力。"① 《党政领导干部生态环境损害责任追究办法（试
行）》按照党中央、国务院明确的"树立底线思维，设定
并严守资源消耗上限、环境质量底线、生态保护红线"要
求，突出矛盾的主要方面，紧扣对生态环境负面影响大、
社会反应强烈的党政领导干部履职行为设定追责情形。

除前面多次提到的环境质量底线、生态保护红线外，
习近平总书记也一贯重视严守资源消耗上限方面的工作。
他指出："从资源环境约束看，过去，能源资源和生态环
境空间相对较大，现在环境承载能力已经达到或接近上
限，难以承载高消耗、粗放型的发展了。……必须顺应人
民群众对良好生态环境的期待，推动形成绿色低碳循环发

---

① 习近平：《在十八届中央政治局第四十一次集体学习时的
讲话》（2017 年 5 月 26 日），载《习近平关于社会主义生态文明建
设论述摘编》，中央文献出版社 2017 年版，第 110—111 页。

展新方式。"① 节约资源是保护生态环境的根本之策。要大力节约集约利用资源，推动资源利用方式根本转变，加强全过程节约管理，大幅降低能源、水、土地消耗强度，大力发展循环经济，促进生产、流通、消费过程的减量化、再利用、资源化。"要坚持节约资源和保护环境的基本国策，坚持节约优先、保护优先、自然恢复为主的方针，形成节约资源和保护环境的空间格局、产业结构、生产方式、生活方式，为人民创造良好生产生活环境。"②

四　着力解决突出环境问题

习近平总书记在党的十九大报告中明确指出，要"着力解决突出环境问题"。保障人民群众呼吸上新鲜的空气、喝上干净的水、吃上放心的食物，实质上是环境质量安全底线，是维护人类生存的基本环境质量需求的安全线，包括环境质量达标红线、污染物排放总量控制红线等。环境质量达标红线要求各类环境要素达到环境功能区标准，也就是要求大气环境质量、水环境质量、土壤环境质量等均符合国家标准，确保人民群众的安全健康。污染物排放总量控制红线是要求全面完成减排任务，有效控制和削减污

---

① 习近平：《经济工作要适应经济发展新常态》（2014 年 12 月 9 日），载《习近平关于社会主义生态文明建设论述摘编》，中央文献出版社 2017 年版，第 25 页。

② 习近平：《在十八届中央政治局第四十一次集体学习时的讲话》（2017 年 5 月 26 日），载《习近平关于社会主义生态文明建设论述摘编》，中央文献出版社 2017 年版，第 35—36 页。

染物排放总量。

习近平总书记一直都很关心如何让"人民群众呼吸上新鲜的空气"问题。早在2005年，时任浙江省委书记的习近平在浙江省人口资源环境工作座谈会上就强调："我们必须通过生态省建设，让人民群众喝上干净的水，呼吸上清洁的空气，吃上放心的食物。"党的十八大以来，习近平总书记对这一问题更加重视。在党的十八届五中全会上，习近平总书记指出："人民群众对清新空气、干净饮水、安全食品、优美环境的要求越来越强烈。"[1] 他说："各地雾霾天气多发频发，空气严重污染的天数增加，社会反应十分强烈，这既是环境问题，也是重大民生问题，发展下去也必然是重大政治问题。"[2] "应对雾霾污染、改善空气质量的首要任务是控制 $PM_{2.5}$。虽然说按国际标准控制 $PM_{2.5}$ 对整个中国来说提得早了，超越了我们发展阶段，但要看到这个问题引起了广大干部群众高度关注，国际社会也关注，所以我们必须处置。民有所呼，我有所应！"[3]

---

① 习近平：《以新的发展理念引领发展，夺取全面建成小康社会决胜阶段的伟大胜利》（2015年10月29日），载《习近平关于社会主义生态文明建设论述摘编》，中央文献出版社2017年版，第28页。

② 习近平：《在中央经济工作会议上的讲话》（2013年12月10日），载《习近平关于社会主义生态文明建设论述摘编》，中央文献出版社2017年版，第85—86页。

③ 习近平：《在北京市考察工作结束时的讲话》（2014年2月26日），载《习近平关于社会主义生态文明建设论述摘编》，中央文献出版社2017年版，第86页。

　　"如何让人民群众喝上干净的水"也是习近平总书记长期关注的问题。党的十八大以来，鉴于全国还有上亿农村居民存在饮水安全问题，习近平总书记多次就水安全问题发表重要论述。强调要保障城乡居民饮水安全，特别是解决好移民安置区和农村饮水安全问题，让老百姓喝上干净、安全、放心的水。不能把饮水不安全问题带入小康社会。2014 年，媒体报道内蒙古自治区腾格里沙漠腹地部分地区牧民反映，当地企业将未经处理的废水排入晾晒池，晾晒池的废水底泥则直接铲出埋在沙漠。对此，习近平总书记曾于 2014 年 9 月、10 月、12 月连续作出重要批示。2014 年 12 月，习近平总书记批示后，国务院专门成立督查组，敦促腾格里工业园区进行大规模整改。内蒙古自治区启动追责，共 24 名相关责任人先后被问责。

　　习近平总书记指出："我国水安全已全面亮起红灯，高分贝的警讯已经发出，部分区域已出现水危机。河川之危、水源之危是生存环境之危、民族存续之危。水已经成了我国严重短缺的产品，成了制约环境质量的主要因素，成了经济社会发展面临的严重安全问题。……我们绝对不能让这种现象发生。全党要大力增强水忧患意识、水危机意识，从全面建成小康社会、实现中华民族永续发展的战略高度，重视解决好水安全问题。"[①] 在水安全保障问题方面，习近平总书记提出："党的十八大和十八届三中全会

---

　　① 习近平：《在中央财经领导小组第五次会议上的讲话》（2014 年 3 月 14 日），载《习近平关于社会主义生态文明建设论述摘编》，中央文献出版社 2017 年版，第 53 页。

提出了一系列生态文明建设和生态文明制度建设的新理念、新思路、新举措。保障水安全，必须在指导思想上坚定不移贯彻这些精神和要求。治水必须要有新内涵、新要求、新任务，坚持'节水优先、空间均衡、系统治理、两手发力'的思路，实现治水思路的转变。"①

习近平总书记指出：食品安全既是重大的民生问题，也是重大的政治问题。他多次强调，确保食品安全是民生工程、民心工程，是各级党委、政府义不容辞之责。食品安全关系中华民族的未来，能不能在食品安全上给老百姓一个满意的交代，是对我们执政能力的考验。老百姓能不能吃得安全，能不能吃得安心，已经直接关系到对执政党的信任问题，对国家的信任问题。在食品安全工作保障方面，习近平总书记指示：当前我国食品安全形势依然严峻，人民群众热切期盼吃得更放心、吃得更健康。要加强统筹协调，加快完善统一权威的监管体制和制度，落实"四个最严"要求，切实保障人民"舌尖上的安全"。②

① 习近平：《在中央财经领导小组第五次会议上的讲话》（2014年3月14日），载《习近平关于社会主义生态文明建设论述摘编》，中央文献出版社2017年版，第53—54页。

② 参见《习近平对食品安全工作作出重要指示》，新华网，2016年1月28日。

第六章

走生态优先、绿色发展之路

随着中国特色社会主义进入新时代，人民美好生活需要日益广泛，对生态环境提出了更高的要求，生态环境破坏成为发展不平衡不充分的一大突出问题。面对当前缓解生态环境危机和破除经济发展困境的双重挑战，以习近平同志为核心的党中央基于自然客观规律和现实发展需求，运用前瞻性的战略思维和眼光提出"生态优先"原则，强调维护生态效益的首要性和紧迫性，将环境资源作为社会经济发展的内在要素，把经济活动过程"绿色化"作为发展的主要内容和途径，从而突破了发展和保护的悖论，辩证地将二者统一起来，在生态保护中寻求发展路径，以绿色发展为保护提供支撑，为建立经济、环境和社会效益相协调的可持续发展模式指明了方向。

一　生态理性优于增长理性

良好的生态环境既是人类赖以生存的自然空间，又是发展所需物质资源的补给源泉。长期以来，我国遵循"重速度、轻质量"的发展模式，造成严重的生态环境欠账，成为制约发展的"短板"，保护生态环境刻不容缓。基于此背景，习近平总书记提出"生态优先"原则，与传统的经济增长优先原则相对，本质上是坚持生态系统的基础性地位，为协调经济、社会和环境的矛盾冲突提供了判断准则，成为现阶段生态文明建设的基本点。

党的十八大报告首次指出"坚持节约优先、保护优先、自然恢复为主的方针"，突出了生态保护的优先地位，表明生态优先主要包括加强资源节约集约利用和从源头上保护生态环境，与"坚持节约资源和保护环境"的基本国策相一致。此后，习近平总书记多次阐述了坚持生态优先的构想和基本要求：在经济上，优先维护经济效益，"自觉地推动绿色发展、循环发展、低碳发展，决不以牺牲环境为代价去换取一时的经济增长"[①]；在制度上，用制度保护生态环境，把生态环境保护放在更加重要的位置，在生态文明建设体制机制改革方面先行先试，健全自然资源资产产权制度和用途管制制度，划定生态保护红线，改革生态环境保护管理体制；在生态环境治理上，统筹资源节约和环境保护，继续实施可持续发展战略，优化国土空间开发格局，全面促进资源节约，加大自然生态系统和环境保护力度，着力解决雾霾等一系列问题，努力建设天蓝地绿水净的美丽中国；在社会建设上，保护好环境这一事关民生福祉的公共产品，要在治理污染、修复生态中加快营造良好人居

---

① 习近平：《在十八届中央政治局第六次集体学习时的讲话》（2013 年 5 月 24 日），载《习近平关于全面建成小康社会论述摘编》，中央文献出版社 2016 年版，第 165 页。

环境，"坚定不移地走生态优先、绿色发展之路"①；等等。党的十九大报告进一步将"人与自然和谐共生"作为新时代中国特色社会主义基本方略，并要求"形成节约资源和保护环境的空间格局、产业格局、生产方式、生活方式，还自然以宁静、和谐、美丽"，表明节约优先和保护优先是优化空间布局、调整产业结构、转变发展方式的根本前提。

生态优先原则的落地离不开制度的规范和保障。党的十八届五中全会明确要求"筑牢生态安全屏障，坚持保护优先、自然恢复为主，实施山水林田湖生态保护和修复工程，开展大规模国土绿化行动，完善天然林保护制度，开展蓝色海湾整治行动"，将生态保护优先从理论层面推向实践层面，明晰了生态修复和整治工作的主要内容。《中共中央国务院关于加快推进生态文明建设的意见》中提出了生态文明建设的五项基本原则、四项重点任务和四项保障机制，使得生态优先原则更具可操作性和系统性。在该意见中，生态优先的内涵细分为三个层面，"坚持把节约优先、保护优先、自然恢复为主作为基本方针。在资源开发与节约中，把节约放在优先位置，以最少的资源消耗支撑经济社会持续发展；在环境保护与发展中，把保护放在优先位置，在发展中保护、在保护中发展；在生态建设与修复中，以自然恢复为主，与人工修复相结合"②。因此，

① 习近平：《走生态优先绿色发展之路 让中华民族母亲河永葆生机活力》，2016 年 1 月 7 日，新华社。

② 《中共中央国务院关于加快推进生态文明建设的意见》，人民出版社 2015 年版，第 3 页。

坚持生态优先原则，核心在于协调好"资源开发和节约利用""生态保护和经济发展"两个关系；关键在于满足"以资源节约优先""以环境保护优先"两个要求。

从生态经济学视角看，生态优先原则与增长优先原则相对，即"生态理性"优先于"增长理性"。增长优先原则片面追求经济的快速增长和规模的无限扩张，只考虑短期经济效益而忽视了经济发展与生态环境承载力的协调性。然而，生态系统在可持续发展系统中处于基础性地位，对经济和社会的发展起决定性作用，一方面体现为生态系统所容纳的物质资源和能量构成了经济系统的基本要素，生态自循环系统为生产和生活提供了承载空间；另一方面体现为对生态系统的破坏具有不可逆性、持久性，气候调节、资源供给、能量循环等生态功能的丧失，意味着发展动力和生存空间的丧失。

生态优先原则正是突破了传统的以单一经济效益为核心的发展思路，关注经济、环境和社会协调发展的多元目标，包含生态规律优先、生态资本优先和生态效益优先三重内涵：优先尊重生态系统的平衡和自然资源的再生循环规律，指导社会经济活动；优先修复生态环境、维护生态功能，确保资源环境资本的保值增值；优先维护长远的生态效益，以生态溢价抵补经济效益和社会效益的损失。

从哲学视角看，生态优先体现了自然的客观规律性。

第一，人与自然是生命共同体，必须优先尊重生态规律，尊重自然、顺应自然、保护自然。马克思在论述人的双重属性时说，人具有自然属性，"我们……都是属于自然界和存在于自然界之中的……能够认识和正确运用自然规律"①；人同时具有社会属性，"社会是人同自然界的完成了的本质的统一"②，人是自然界的一部分，人类社会的发展依赖自然界，生态规律是先于人和人的意识的客观存在，因此生态规律具有优先于经济社会规律的基础性、前提性地位，人类的任何活动都必须遵循生态系统的平衡和自然资源的再生循环规律。党的十九大报告中明确指出，人类只有遵循自然规律才能有效防止在开发利用自然上走弯路，人类对大自然的伤害最终会伤及人类自身，这是无法抗拒的规律。生态优先将尊重自然规律置于优先地位，为正确认识人、自然、社会的关系提供了科学指南。正如习近平总书记所指出的，"像保护眼睛一样保护生态环境，像对待生命一样对待生态环境"③，这是对马克思主义人与自然和谐一体生态伦理观的继承和发扬。

第二，生态文明范式要求优先促进生态资本保值增值。传统的工业文明范式以经济效益最大化为导向，人与自然呈对立关系，低效率、高消耗、高污染的发展短期内解决了饥饿与贫困问题，但长期导致生态环境承载力逼近上限。目前我国经济发展的条件和环境发生重大变化，盲目追求经济数量的增长不仅违背经济规律，还会加剧已有

---

① 《马克思恩格斯文集》第 9 卷，人民出版社 2009 年版，第 560 页。

② 《马克思恩格斯文集》第 1 卷，人民出版社 2009 年版，第 187 页。

③ 习近平：《在参加十二届全国人大四次会议青海代表团审议时的讲话》（2016 年 3 月 10 日），载《习近平关于全面建成小康社会论述摘编》，中央文献出版社 2016 年版，第 183 页。

矛盾、带来诸多风险。生态文明范式重视生态系统的价值，通过生态修复和环境治理来维护生态系统生产力，保证生态资本的保值增值，兼顾经济、社会和环境效益的全面发展，以生态文明范式取代工业文明范式，是社会经济发展由低级向高级演进的客观要求。

第三，解决发展的主要矛盾要求优先维护生态效益。唯物辩证法认为应集中力量解决对发展过程起支配作用的主要矛盾。资源存量的有限性及环境破坏的不可逆性，决定了生态效益是发展中的主要矛盾，应将生态保护和资源节约利用作为发展的首要任务，以长远的生态溢价抵补短期经济效益和社会效益的损失。

从发展的现实困境来看，将生态保护放在突出位置是破解资源环境约束、提高经济发展质量和效益、在发展中改善民生的迫切要求。

第一，坚持生态优先是应对严峻生态形势的必然选择。过去依靠要素数量投入拉动的发展模式在边际报酬递减的作用下造成经济增长率下移，伴随着能源约束加剧、生态环保任务艰巨等问题集中凸显，近年雾霾等污染事件频发、环境质量下降，压缩了经济发展空间、严重损害了人民生活质量，因此解决经济危机和社会危机的关键在于解决生态危机，保护生态优势就是保护发展优势。

第二，坚持生态优先也是决胜全面建成小康社会的关键环节。党的十九大报告明确指出"我们要建设的现代化是人与自然和谐共生的现代化"。从现在到二〇二〇年正处于全面建成小康社会的决胜期，高质量的生态环境已成为衡量小康社会全面与否的重要标准。把握现代化的"绿色"内涵，转变经济发展方式、加大生态环境保护力度，才能提供更多优质生态产品以满足人民日益增长的美好生活需要。

二　绿色发展关乎可持续发展全局

绿色发展主张将生态环境保护纳入社会经济活动的方方面面，既是发展理念又是发展途径，通过推动生产方式、生活方式、文化理念和社会治理的"绿色化"改革，为生态保护提供全方位支撑。因此，践行绿色发展观关乎国内国外两个可持续发展大局，是我国今后长期转型发展的需要，也是未来全球发展的必然趋势。

2008 年世界经济危机后，为了促进经济复苏，同时为应对气候变化、能源危机等挑战，在联合国等国际组织的倡导下，"绿色新政""绿色经济""绿色增长"等政策概念接踵而至，相互联系、各有侧重，从不同视角促进了绿色发展理念的逐渐形成。

联合国环境规划署最先启动了"全球绿色新政"和"绿色经济计划"，旨在依靠政府领导力来应对危机，倡议各国政府实行绿色新政，建立低能耗、环境友好、可持续的绿色经济增长模式，先后发布了一系列研究报告，阐述了绿色新政、绿色经济的含义和关系。如在《全球绿色新政政策简报》中，针对金融危机、气候危机和食品危机，提出通过国际国内双向财政刺激方案和治理政策来消除风险；在《迈向绿色经济》中提出绿色经济是绿色新政的核心环节，并将绿色经济定义为提高人类福祉和社会公平，同时显著降低环境风险，降低生态稀缺性的经济；《我们憧憬的未来》，强调各国根据不同的历史背景和发展阶段实施绿色经济政策。随后，联合国亚洲及太平洋经济社会委员会提出"绿色增长"的概念，认为绿色增长是建立绿色经济形式的先决条件，倡导减少碳排放、提高资源利用率、促进自然资本投资。经济合作与发展组织发布的《迈向绿色增长》进一步剖析了绿色增长的内涵，即促进经济增长及发展同时，确保自然资产能不断提供人类福祉不可或缺的资源和环境服务，经济、环境、社会、科技和发展应纳入一个综合性的发展框架。

可见，从国际视野看，"绿色发展"是一种积极、主动、进取的发展方式，也是一种体现"尊重自然、顺应自然、保护自然""社会公平正义"新的国际话语体系。我国经济总量已跃居世界第二位，随着国家综合实力的逐渐提高，随之而来的是分担国际事务，履行大国责任，要从过去的跟随、参与逐渐向引领、主导的角色转变，绿色发展观的实践与传播将使得"良好生态环境成为人民生活质量的增长点，展现我国良好形象的发力点"[①]，对构建新的国际对话机制具有重要作用。

我国的"绿色发展"是在国际"绿色浪潮"下，结合我国全面建成小康社会的决胜阶段、经济步入新常态的阶段性特征而提出的，突破了以往单一的经济发展目标，使

---

① 习近平：《在华东七省市党委主要负责同志座谈会上的讲话》（2015 年 5 月 27 日），载《习近平关于全面建成小康社会论述摘编》，中央文献出版社 2016 年版，第 176 页。

得可持续发展战略更加全面化、更具现实性。

党的十八届五中全会创造性地提出创新、协调、绿色、开放、共享新发展理念，将绿色发展提升到国家战略的层面，倡导"坚持节约资源和保护环境的基本国策，走生产发展、生活富裕、生态良好的文明发展道路，加快建设资源节约型、环境友好型社会，形成人与自然和谐发展现代化建设新格局"，阐明要走覆盖生产、生活和生态的绿色发展之路，进而实现经济、社会和生态三重效益的协调。《中共中央国务院关于加快推进生态文明建设的意见》提出"协同推进新型工业化、信息化、城镇化、农业现代化和绿色化"五化同步发展，"绿色化"可谓绿色发展的升华①，体现了绿色发展推动生产、生活、生态、文化和政治等改革的动态变化过程。《中共中央关于制定国民经济和社会发展第十三个五年规划的建议》将绿色发展扩展到促进人与自然和谐共生、加快建设主体功能区、推动低碳循环发展、全面节约和高效利用资源、加大环境治理力度和筑牢生态安全屏障六个方面。党的十九大报告将"推进绿色发展"作为建设美丽中国的基本要求，形成绿色发展方式和生活方式并从绿色经济体系、绿色技术创新体系、清洁能源体系、资源节约循环利用、绿色生活方式等方面阐明了绿色发展的主要内容。

总之，我国的绿色发展经历了从经济举措到政治任务、从经济范式变革到全面深化改革的升华，成为转变发

---

① 参见周宏春《绿色化是我国现代化的重要组成部分》，《中国环境管理》2015 年第 3 期。

展方式、推进现代化建设的引擎，有着深刻的理论基石。

首先，可持续发展系统的综合性决定了绿色发展是一场多维度展开的全面改革。可持续发展系统由经济系统、社会系统和生态系统三个子系统组成，只有子系统相协调和要素优化组合，才能实现经济效益、社会公平和环境可持续①。绿色发展实质上是一种可持续发展方略，意味着绿色发展推动下的改革应覆盖生产方式、生活方式、空间结构、产业结构、价值理念和政治治理等多领域，以生态优先为价值判断标准，实现经济、社会和生态可持续发展的目标。

其次，生态系统内在循环的平衡性要求绿色发展采用绿色、循环和低碳经济模式。生态系统是依靠物质和能量循环流动来维持的系统，传统的工业经济系统则是"资源—产品—废弃物"单向流动线性经济系统，打破了生态系统内在循环的平衡性，资源的有限性要求经济发展向"资源—产品—再生资源"的循环型模式转变。低碳经济即改善能源结构、提高能源利用效率、减少碳排放；循环经济即建立有序的资源能源循环系统；绿色经济即通过绿色清洁化生产和消费来减轻生态环境破坏。三者构成绿色发展的基本手段，通过经济生态化来减少废弃物排放、实现投入产出的良性循环，有效地缓解了经济发展需求无限性和资源环境容量有限性之间的矛盾。

最后，资源与环境的有价性要求绿色发展对资源开发

---

① 参见潘家华《可持续发展经济学再思考》，《人民日报》2015 年 6 月 29 日第 22 版。

实施补偿，并将环境因素作为重要的生产力要素。资源环境又是生态系统的主要组成部分，发挥着独特的生态服务功能，因而具有生态价值。资源的开发利用凝结了人类劳动的投入，环境的修复再生凝结了人类劳动的补偿，因而又具有经济价值。[①] 绿色发展立足于资源与环境的有价性，将环境视为重要的生产力要素，故而从根本上否定了对资源的无度攫取和对环境的无序开发，树立起"保护环境就是保护生产力"的科学认知，要求以发展与保护的双赢为目标发掘新的发展模式和发展动力。

在现实意义上，贯彻绿色发展是满足内在转型需求、缓解资源能源约束、应对外在减排压力的必然选择，这是因为：

第一，从国内经济发展阶段来看，贯彻绿色发展有利于推动经济发展质量变革、效率变革和动力变革。我国经济已由高速增长阶段转向高质量发展阶段，正处在转变发展方式、优化经济结构、转换增长动力的攻坚期。抓住这一历史性机遇将经济发展推向新的台阶，需要使经济发展方式向集约型转变，绿色发展孕育着绿色产业、绿色能源、绿色交通、绿色建筑、绿色金融等新业态，为转型升级提供了一条可行路径。

第二，从资源能源约束来看，贯彻绿色发展有利于缓解资源能源压力、解决经济与环境矛盾。中国是世界上最大的能源消费国和生产国，能源消费结构以化石能源为

---

① 参见刘思华《生态经济价值问题初探》，《学术月刊》1987年第 11 期。

主，造成了巨大的环境压力，石油储产比和天然气储产比均低于同期世界平均水平，能源供应约束趋紧，水污染和大气污染等问题依然存在，极大地限制了发展空间。经济发展对资源能源的依赖程度较高而资源能源供给相对不足，需要借助绿色发展建立现代能源体系，发展节能环保产业，减少资源能源消耗，减轻环境污染和生态破坏。绿色发展主张运用技术手段提高资源能源利用效率，建立绿色低碳循环发展的产业体系，明晰用能权、用水权、排污权、碳排放权初始分配，进而促进资源能源的节约集约使用。

第三，从国际发展环境来看，绿色发展有利于落实减排任务，应对气候变化危机。气候变化危机是全球可持续发展的最大挑战，是当代国际社会的重要议题。《巴黎协定》为 2020 年后全球应对气候变化行动作出安排，并明确了各缔约方的温室气体减排目标，中国政府承诺在 2030 年左右达到二氧化碳排放峰值目标，这些行动对中国的经济发展形成外在制度约束，亟须寻求一条以"低污染、低排放、高效率"为特征的低碳、循环、高效、安全的绿色发展之路。

绿色发展将生态优先准则融入生产、生活、生态、文化价值和政治治理中，在实践中应以绿色化的生产方式引领绿色化生活方式的形成，以绿色消费为核心的生活方式倒逼绿色化生产方式的培育、以绿色化的文化价值和政治治理约束绿色生产生活的形成，为生态保护提供技术、资本、文化和制度支撑。

推行绿色化生产方式。鼓励节能环保、生物技术、通信技术、智能制造、高端装备、新能源等新兴产业发展；发展绿色金融、设立绿色发展基金支持绿色清洁生产；加强高耗能行业能耗管控、重点生态功能区实行产业准入负面清单。培育科技含量高、资源消耗低、环境污染少的产业结构和生产方式，提高全要素生产效率，形成新的经济增长点。

培养绿色化生活方式。培养居民的环保选购观念和资源循环利用观念，实现绿色消费；加快能源技术创新，开发绿色能源；提倡公共交通优先、推广新能源汽车，推进交通运输低碳发展，发展绿色交通；利用绿色建材提高建筑节能标准，打造绿色建筑。在治理污染、修复生态中营造良好的人居环境。

构建绿色化生态体系。以尊重自然为前提，将科学规划与治理实践相结合，划定并严守生态保护红线，完善主体功能区布局，建立起农业发展格局、生态安全格局、自然岸线格局，构筑生态安全屏障；同时拓宽生态保护资金筹措渠道，实施重大生态治理工程。

树立绿色化文化价值观念。在全社会倡导勤俭节约、爱护环境的绿色文化价值观，逐步将其纳入社会主义核心价值观范畴，形成崇尚生态文明的社会新风尚①，从而使"人与自然和谐共生"的观念成为规范人们行为的价值标准，在生产、流通、仓储、消费各环节落实全面节约。

落实绿色化政治治理。纠正单纯以经济增长速度评定

---

① 参见庄贵阳《生态文明制度体系建设需在重点领域寻求突破》，《浙江经济》2014 年第 14 期。

政绩的偏向，建立绿色政治绩效考核体系，从指标体系、指标权重和评价标准等方面加大对生态环境保护的考核力度，把资源消耗、环境损害、生态效益等体现生态文明建设状况的指标纳入经济社会发展评价体系，促进生态文明建设体制机制改革方面先行先试，用制度保护生态环境。

三　推动重点区域生态优先、绿色发展

经济、社会和生态环境是一个彼此依赖的有机统一体①，一旦断裂，经济发展的资源供给得不到满足，生产生活空间遭到破坏，人民幸福感也将随之大幅减低。因此，解决经济危机和社会危机的突破口在于解决生态危机，保护生态优势就是保护发展优势。以习近平同志为核心的党中央坚持问题导向，将生态效益置于优先地位，对我国长江经济带和三江源等重要生态功能区实行全面保护的战略，提倡以生态保护倒逼发展方式转型，既是对自然规律的尊重，也是对经济规律和社会规律的尊重，为生态优先的"落地"起到先行先试的作用，对维护国家生态安全和保持经济持续发展具有深远影响。

长江是货运量位居全球内河第一的黄金水道，依托黄金水道打造的长江经济带横跨我国东中西三大区域，覆盖上海、江苏、浙江、安徽、江西、湖北、湖南、重庆、四川、云南、贵州11个省市，面积约205万平方千米，人口

---

① 参见《生态优先建设美丽中国——〈习近平时代〉选载》，《学习时报》2016年5月19日第3版。

和生产总值均超过全国的 40%，是我国重要的生态宝库、国土空间开发最重要的东西轴线、连接丝绸之路经济带和 21 世纪海上丝绸之路的重要纽带，在区域发展中起重要的战略支撑作用。习近平总书记在推动长江经济带发展座谈会上为长江经济带的发展方向定调"共抓大保护，不搞大开发"，充分体现了"生态优先"的要义，将带动沿线环境、资源、产业、交通、城乡建设等方面实行绿色化改革。

长江经济带发展坚持生态优先的战略定位具体体现在五方面：一是在生态保护方面，要把实施重大生态修复工程作为推动长江经济带发展项目的优先选项，用改革创新的办法抓长江生态保护；在生态环境容量上过紧日子的前提下，统筹岸上水上，正确处理防洪、通航、发电的矛盾，自觉推动绿色循环低碳发展。二是在统筹流域经济发展方面，要全面规划水、路、港、岸、产、城和生物、湿地、环境，统筹各地改革发展、各项区际政策、各领域建设、各种资源要素，促进长江经济带实现上中下游协同发展、东中西部互动合作，把长江经济带建设成为我国生态文明建设的先行示范带、创新驱动带、协调发展带。三是在优化长江经济带城市群布局方面，坚持大中小结合、东中西联动，依托长三角、长江中游、成渝三大城市群带动长江经济带发展。四是在建设项目选择方面，发展规划要着眼战略全局、切合实际，发挥引领约束功能，对于保护生态环境、建立统一市场、加快转方式调结构等重点方向要用"快思维"、做加法，对于科学利用水资源、优化产业布局、统筹港口岸线资源和安排一些重大投资项目等要用"慢思维"、做减法，科学论证，比较选优。五是在治理体系方面，建立统筹协调、规划引领、市场运作的领导体制和工作机制，以市场、开放为推动长江经济带发展的重要动力，使市场在资源配置中起决定性作用，发挥长江经济带发展领导小组的统领作用，沿江省市要加快政府职能转变、提高公共服务水平、创造良好市场环境，在思想认识和实际行动中形成一盘棋。

"不搞大开发"不等于不发展经济，而是用改革创新的办法抓长江生态保护，维护好长江生态功能，利用长江优越的自然条件发展绿色循环低碳经济。资源环境承载力是构建长江经济带战略空间的基础性支撑，是维持经济发展和生态保护平衡的关键。基于这一认识，"共抓大保护"就是要以保护环境作为促进可持续发展的基础，以生态环境硬约束倒逼经济转型升级，提质增效，统筹布局，增强系统思维，确保沿海沿江各区域联动协作、政府引导与市场决定并举、生态功能与经济功能社会功能等相协调，逐步形成绿色、循环、低碳的空间格局、产业结构、生产方式和生活方式，确保工业化、城镇化进程中的人居环境安全，真正使黄金水道产生黄金效益。

秉持生态保护优先的原则，摒弃粗放型发展理念，才能逐步摆脱依赖能源、资源消耗，闯出一条生产发展与生态环境改善同步的新路子，把长江经济带建成生态更优美、交通更顺畅、经济更协调、市场更统一、机制更科学的黄金经济带。

习近平总书记在青海视察时强调，青海生态地位重要而特殊，必须担负起保护三江源、保护"中华水塔"的重大责任。要坚持保护优先，坚持自然恢复和人工恢复相结合，从实际出发，全面落实主体功能区规划要求，使保障国家生态安全的主体功能全面得到加强。要统筹推进生态工程、节能减排、环境整治、美丽城乡建设，加强自然保护区建设，搞好三江源国家公园体制试点，加强环青海湖地区生态保护，加强沙漠化防治、高寒草原建设，加强退牧还草、退耕还林还草、三北防护林建设，加强节能减排和环境综合治理，确保"一江清水向东流"。

三江源地区是黄河、长江和澜沧江的发源地，地处青藏高原腹地、青海省南部，素有"中华水塔"之称，是我国淡水供给的命脉。该区域生物多样性集中、生态系统敏感，保护好当地生态环境，涉及西部地区乃至全国的生态、经济和社会三重效益：生态效益体现为调节气候、涵养水源、保持水土、维护生物多样性等生态功能；经济效益体现为提供生产生活所必需的生物资源和承载空间；社会效益体现为地处青海、四川、甘肃、西藏四省区交界处，承担着保护游牧文化、宗教文化，维护民族团结和社会稳定的职责。所以，三江源地区限制或禁止开发，不是妨碍发展，恰恰是通过生态保护来发掘新的发展机遇，获取三重效益。

"国家生态保护综合试验区""三江源生态保护和建设工程规划""国家公园体制"等一系列体制机制的创新，为三江源地区生态保护工作的开展提供了政策支撑。国家生态保护综合试验区总体方案的通过，标志着三江源生态保护上升为国家战略。《青海三江源生态保护和建设二期工程规划》将三江源的治理范围由 15.23 万平方千米拓宽到 39.5 万平方千米，并部署了推进青海三江源生态保护、建设甘肃省国家生态安全屏障综合试验区、京津风沙源治理、全国五大湖区湖泊水环境治理等一批重大生态工程。三江源国家公园体制试点涵盖长江源、黄河源、澜沧江源3个园区，总面积为12.31万平方千米，占三江源面积的31.16%，目的在于构建归属清晰、权责明确、监管有效的生态保护管理体制，实现对三江源典型和代表区域的山水林草湖等自然生态空间的系统保护，将三江源国家公园建成青藏高原生态保护修复示范区，三江源共建共享、人与自然和谐共生的先行区，青藏高原大自然保护展示区和生态文化传承区[①]。

　　在国家顶层设计下，三江源地区生态保护实践有序推行，预期取得的三重效益逐渐显现：一是就生态效益而言，历经十年的生态保护工程建设一期工程后，三江源地区生态系统宏观结构局部改善，草地退化趋势初步得到遏制，草畜矛盾趋缓，湿地生态功能逐步提高，湖泊水域面积明显扩大，流域水源涵养和供水能力明显增强，严重退化区植被覆盖率明显提升，重点治理区生态状况好转，主要表现为增加了植被覆盖度、增加了水资源量、增加了生物多样性。习近平总书记指出：保护生态环境首先要摸清家底、掌握动态，要把建好用好生态环境监测网络这项基础工作做好[②]，环保、农牧、林业、科技、水利、气象等多部门

---

①　参见刘鹏《擦亮中国生态文明建设的名片》，《光明日报》2016年7月11日第5版。

②　转引自《尊重自然顺应自然保护自然　坚决筑牢国家生态安全屏障》，《人民日报》2016年8月25日第1版。

联合，构建起三江源生态监测、评估、预警体系，保证了对林、草、水等领域实施全面监控，增强了生态治理能力，使国家的生态安全得以保障。二是就经济效益而言，在生态环境保护过程中依靠科技创新不断提升区域管理水平，改善生产环境、提高生产能力，通过农村能源建设、生态畜牧业基础设施建设、林木种苗基地建设、虫草资源的系统保护等措施，提高区域经济发展水平，拓宽农牧民收入来源。三是就社会效益而言，围绕三江源地区生态保护工作的推进，随之树立起来的还有扶贫脱贫的生态民生政治观①。习近平总书记就此指出，"保护三江源是党中央确定的大政策，生态移民是落实这项政策的重要措施，一定要组织实施好"。基此，要落实好扶贫脱贫政策、保护稀缺的藏牧文化，不断提升人民生活水平，增进社会和谐。

四 创新生态优先、绿色发展的实现机制

生态优先与绿色发展相辅相成，生态优先为绿色发展创造条件，绿色发展为生态优先提供支撑。生态优先与绿色发展的关联，本质上是保护与发展的协同，需要建立利益协调机制，实现生态效益与经济效益、社会效益的统一。当经济效益和社会效益滞后于生态效益时，通过转移支付、政策优惠等手段实现超前补偿，以生态保护倒逼发展方式转型、以生态优势创造发展机遇。当经济效益与生

① 参见乔清举《心系国运 绿色奠基——学习习近平总书记的生态文明思想》，《学习时报》2016 年 7 月 28 日第 1 版。

态效益对立冲突、无法协调时，按照生态优先原则进行取舍，必要时舍弃经济效益和社会效益，以求获得长远的绿色激励，弥补短期利益的损失。

具体而言，生态优先将保护生态环境作为首要任务，是发展的前提、发展的准则，主张尊重自然、顺应自然、保护自然，认为保护生态优势就是保护发展优势，归根结底是为谋求人与自然和谐发展，保持生态平衡、维持生态系统功能的稳定，为推动绿色发展创造条件。绿色发展将生态优先准则全方位融入生产、生活、文化和政治治理，为生态环境保护的实现提供支撑，绿色发展的落脚点在于发展，"绿色"代表着发展的方向，遵循低碳、清洁、高效的发展方式；"发展"是涵盖生产、生活、文化、生态领域的综合改革，力图通过发展模式的转型，使社会经济活动与资源环境承载力相适应，重视发展的质量和效益，实现人的全面发展。

生态优先和绿色发展创造性地实现了保护和发展的辩证统一，是我国生态文明建设的一次重大理论突破，其理论价值体现在三个层次。

首先，生态优先、绿色发展是马克思主义生态观和唯物史观中国化的最新成果，推动了生态文明建设制度的不断完善。生态优先、绿色发展对生态保护的强调不仅继承了马克思主义生态观主张的"外部自然界的优先地位"①，还实现了马克思主义唯物史观的中国化应用。唯物史观认

————————

① 《马克思恩格斯选集》第1卷，人民出版社1995年版，第77页。

为"物质生活的生产方式制约着整个社会生活、政治生活和精神生活的过程"，生产方式的变革是推动社会历史进步的决定力量。生态优先、绿色发展是通过将生态保护优先的原则注入发展过程中，将引起生产方式和生活方式空前的绿色化变革，更加适应可持续发展对集约、高效的要求，有助于实现社会的全面进步。这一思想有效地将马克思主义生态观和唯物史观相联系，结合中国的发展需求得以创新，指明了生态文明制度建设的着力点在于将生态保护放在突出位置，重点领域不仅是生态环境的治理还包括经济、政治和文化的综合性改革。

其次，生态优先、绿色发展是中国传统生态思想的结晶，塑造了人与自然和谐共生的生态文化价值观。中国的传统文化中不乏人与自然和谐统一的生态思想。"天地人三才之道"，"是以立天之道，曰阴曰阳……兼三才而两之"，主张人道应效法天道、地道；道家主张"道法自然"；儒家主张"天人合一"，无不蕴含着人与自然和谐统一、尊重自然的理念。生态优先、绿色发展强调在发展中保护、在保护中发展，是"尊重自然、顺应自然"的古代朴素唯物主义思想在当代的结晶，将在全社会形成人与自然和谐共生的生态文化，引导人们自觉培养环保、节约、低碳、健康的意识。

最后，生态优先、绿色发展对统筹生态效益和经济效益提供了指导原则。过去生态文明建设强调"不以牺牲环境为代价发展经济"，对生态保护的强调不够，当经济效益和生态效益出现矛盾时，取舍标准模糊。生态优先原则的提出，空前提升了生态文明建设的国家战略性地位，明确给出了生态规律优先于经济规律、生态效益优先于经济效益的标准，通过绿色发展的途径，推动经济优先向生态优先发展模式转变。坚持生态优先不等于不发展，而是要摒弃以"高投入、高污染、高消耗、低效率"的传统模式，走"绿色、循环、低碳"的发展道路，注重经济发展、环境发展和人的全面发展；坚持生态优先不等于牺牲经济效益，而是主张采用充分考虑环境因素的绿色经济模式，通过绿色经济带来"经济结构优化、生态环境改善、民生建设提升"等红利，实现对经济效益的补偿。

基于生态优先和绿色发展的关联性，落实生态优先原则、形成绿色发展模式，需要依靠科技、理念、文化和制度四方面的机制创新，促进生态优势向发展优势转化。

第一，依靠科技创新培育经济新业态、提供治理新手段。构建市场导向的绿色技术创新体系，建立以企业为主体、市场为导向、产学研深度融合的技术创新体系，加强对中小企业创新的支持，促进科技成果转化。借助绿色金融，发展节能环保产业、清洁生产产业、清洁能源产业，促进生产过程的清洁化和产业结构的多元化。同时提高节能技术、资源循环利用技术、新能源新材料开发利用技术，发掘减排治污新手段，增强生态环境治理能力。

第二，依靠发展范式创新迈向新型工业化和城镇化。过去欧美国家走的是"先污染后治理的工业化发展道路"和"先破坏后改造的城市化发展道路"，实质是以功利主义为导向的工业文明发展范式，造成资源浪费、环境污染、生态破坏、"城市病"等严重问题，中国决不能重蹈覆辙。中国的工业化与城镇化应向生态利益为导向的生态文明发展范式转型，避免事后生态损害修复，尽可能地降低发展成本。将社会经济建设项目和生态保护重大工程相结合，严守"生态保护红线、永久基本农田、城镇开发边界"三条控制线，发展绿色产业、绿色交通、绿色建筑、绿色社区，构建生态廊道和生物多样性保护网络，完善城市绿色基础设施服务，营造绿色低碳、生态宜居的发展环境。

第三，依靠文化创新培育生态文明新风尚。生态优先、绿色发展强调尊重自然、顺应自然，是传统生态观在当代的结晶，需要培育生态文化，在全社会推行生态文明主流价值观，引导人们将生态保护的价值标准"内化于心、外化于行"，营造勤俭节约的社会风尚，塑造"文明中国、美丽中国"的良好国家形象，进而增强文化软实力。

第四，依靠制度创新，在实施最严格的环境保护制度的同时，完善资源财富补偿功能和向社会成本的转化。自然资源资产有偿使用制度、生态环境补偿制度、国有自然资源资产管理制度、绿色国民财富核算制度、生态保护红线制度等一系列制度的创新，有助于重视资源环境价值，明晰生态环境保护和开发的标准。一方面将资源财富用于实施生态环境补偿，弥补资源价值耗竭、完善资源损害赔偿；另一方面引导自然资源财富向社会资本转化，投入社会建设领域，实现资源收益的全民共享、代际共享。

生态问题其实是发展问题，坚持"人与自然和谐共生"的发展理念，遵循"绿色、循环、低碳"的发展方式，树立"经济、政治、社会、生态可持续"的发展目标。以生态优先原则为指导的绿色发展之路，就是要把发展与保护相融合，将生态优势转变为发展优势，最终使绿水青山产生巨大效益。

第七章

为生态文明建设提供
法治和制度保障

　　党的十九大围绕中国特色社会主义现代化进入新时代这个重大时代课题，坚持以马克思列宁主义、毛泽东思想、邓小平理论、"三个代表"重要思想、科学发展观为指导，坚持解放思想、实事求是、与时俱进、求真务实，坚持辩证唯物主义和历史唯物主义，紧密结合新的时代条件和实践要求，以全新的视野深化对共产党执政规律、社会主义建设规律、人类社会发展规律的认识，进行艰辛理论探索，取得重大理论创新成果，形成了习近平新时代中国特色社会主义思想。习近平新时代中国特色社会主义思想，明确全面深化改革总目标是完善和发展中国特色社会主义制度、推进国家治理体系和治理能力现代化；明确全面推进依法治国总目标是建设中国特色社会主义法治体系、建设社会主义法治国家。

　　基于此，党的十九大报告在第三部分，即"新时代中国特色社会主义思想和基本方略"之九指出，"必须树立和践行绿水青山就是金山银山的理念，坚持节约资源和保护环境的基本国策，像对待生命一样对待生态环境，统筹山水林田湖草系统治理，实行最严格的生态环境保护制度"；在整体报告的第九部分，即"加快生态文明体制改革，建设美丽中国"中，又专门论述指出："加快建立绿色生产和消费的法律制度和政策导向，建立健全绿色低碳循环发展的经济体系"；"完善生态环境管理制度，统一行使全民所有自然资源资产所有者职责，统一行使所有国土空间用途管制和生态保护修复职责，统一行使监管城乡各类污染排放和行政执法职责。构建国土空间开发保护制度，完善主体功能区配套政策，建立以国家公园为主体的自然保护地体系。坚决制止和惩处破坏生态环境行为。"

建设生态文明是一场涉及生产方式、生活方式、思维方式和价值观念的深刻变革。实现这样的根本性变革，必须依靠制度和法治。我国生态环境保护中存在的一些突出问题，大都与体制不完善、机制不健全、法治不完备有关。习近平总书记指出："只有实行最严格的制度、最严密的法治，才能为生态文明建设提供可靠保障。"[①] 我们应当高度重视制度、法治建设在生态文明建设中的硬约束作用，以改革创新的精神，以更大的政治勇气和智慧，不失时机地深化生态文明体制和制度改革，坚决破除一切妨碍生态文明建设的思想观念和体制机制弊端；必须建立系统完整的制度体系，用制度保护生态环境；必须实现科学立法、严格执法、公正司法、全民守法，促进国家治理体系

[①]　习近平：《在十八届中央政治局第六次集体学习时的讲话》（2013 年 5 月 24 日），载《习近平关于全面深化改革论述摘编》，中央文献出版社 2014 年版，第 104 页。

和治理能力现代化。

一　以法治精神实行最严格的
生态环境保护制度

　　法治是一个国家发展的重要保障，是治国理政的基本方式。党的十八届四中全会首次以全会的形式专题研究部署全面推进依法治国，要求贯彻中国特色社会主义法治理论，形成完备的法律规范体系、高效的法治实施体系、严密的法治监督体系、有力的法治保障体系，实现科学立法、严格执法、公正司法、全民守法，促进国家治理体系和治理能力现代化。习近平总书记强调，要"努力建设法治中国，以更好发挥法治在国家治理和社会管理中的作用"[①]，"全面推进科学立法、严格执法、公正司法、全民守法，坚持依法治国、依法执政、依法行政共同推进，坚持法治国家、法治政府、法治社会一体建设，不断开创依法治国新局面"[②]。

　　生态文明也必须依靠法治实现国家治理体系和治理能力的现代化。党的十八届四中全会决定提出："用严格的法律制度保护生态环境，加快建立有效约束开发行为和促进绿色发展、循环发展、低碳发展的生态文明法律制度，

---

　　① 《习近平总书记系列重要讲话读本》，人民出版社、学习出版社 2014 年版，第 80 页。

　　② 习近平：《在十八届中央政治局第四次集体学习时的讲话》（2013 年 2 月 23 日），载《习近平关于全面依法治国论述摘编》，中央文献出版社 2015 年版，第 3 页。

强化生产者环境保护的法律责任，大幅度提高违法成本。建立健全自然资源产权法律制度，完善国土空间开发保护方面的法律制度，制定完善生态补偿和土壤、水、大气污染防治及海洋生态环境保护等法律法规，促进生态文明建设。"① 基于此：

第一，科学立法是前提。习近平总书记指出："实践发展永无止境，立法工作也永无止境，完善中国特色社会主义法律体系任务依然很重。"② 生态文明立法也是这样。随着生态文明建设的不断深入，我国现行的生态保护法律法规不能完全适应我国生态环境保护和建设的迫切需要。如立法理念和立法指导思想陈旧；现行的环境资源立法中存在部分立法空白、配套法规制定不及时、其他环境管理手段缺乏法律依据；部分规定已不适应经济社会发展的需要，缺乏适时性；部分法律存在前法与后法不够衔接、相关法律规定不一致问题，给环境责任认定带来一定的难度；部分法律规定过于抽象，操作性不强，难以得到有效实施。因此，我国生态法制建设任务依然艰巨，尤其是国际经济形势复杂多变，给生态法制建设提出了一系列新任务、新课题。加强立法已经是生态文明法治建设的头等大事。首先，传统立法以权利为出发点的立场或者以权利为本位的

① 《中共中央关于全面推进依法治国若干重大问题的决定》，载《十八大以来重要文献选编》（中），中央文献出版社2016年版，第164页。

② 习近平：《关于〈中共中央关于全面推进依法治国若干重大问题的决定〉的说明》，载《十八大以来重要文献选编》，中央文献出版社2016年版，第149页。

法治意识应当得到根本的扬弃。从根本上讲，按照尊重自然、保护自然和顺应自然的生态文明理念，生态立法必须受生态规律的约束，只能在自然法则许可的范围内编制。立法者应当学会让自己的意志服从自然规律，自觉地把生态规律当作制定法律的准则，注意用自然法则检查通过立法程序产生的规范和制度的正确与错误。如果说立法活动常常都伴随有平衡、协调的工作，那么，生态文明条件下的立法首先要协调的是人类惯常的开发自然的活动与生态保护之间的关系，而不再只是在民族、政党、中央与地方、整体与局部等社会关系领域内搞平衡。其次，以党的十九大指出的"社会主义生态文明观"为指导，促进环境法向生态法的方向发展，逐步实现中国环境法的生态化。实现将立法重心由现行的"经济优先"向"生态与经济相协调"转变。倡导人口与生态相适应，经济与生态相适应。环境基本法下的各单行法在立法目的、立法原则和立法的内容诸方面均应体现这一精神。生态文明的理念还应纳入刑事法律、民商法律、行政法律、经济法律、诉讼法律和其他相关法律，促进相关法律的生态化。最后，推进科学立法、民主立法，是提高立法质量的根本途径。科学立法的核心在于尊重和体现客观规律，民主立法的核心在于为了人民、依靠人民。要完善科学立法、民主立法机制，创新公众参与立法方式，广泛听取各方面意见和建议。

　　第二，严格执法是关键。习近平总书记指出："法律的生命力在于实施，法律的权威也在于实施。'天下之事，不难于立法，而难于法之必行。'如果有了法律而不实施、束之高阁，或者实施不力、做表面文章，那制定再多法律也无济于事。全面推进依法治国的重点应该是保证法律严格实施，做到'法立，有犯而必施；令出，唯行而不返'。"①

环境执法是保障生态环境安全的重要手段之一。由于历史和现实的各方面原因，我国环境保护行政执法目前仍存在种种问题和困难，部分地方领导环境意识、法制观念不强，对保护环境缺乏紧迫感，甚至把保护环境与发展经济对立起来，强调"先发展后治理""先上车后买票""特事特办"；一些地方以政府名义出台"土政策""土规定"，明文限制环保部门依法行政，明目张胆地保护违法行为，给环境执法和监督管理设置障碍，导致不少"特殊"企业长期游离于环境监管之外，所管辖的地区环境污染久治不愈，环境纠纷持续不断；一些企业甚至暴力阻法、抗法。一些地方对环境保护监管不力，甚至存在地方保护主义。有的地方不执行环境标准，违法违规批准严重污染环境的建设项目；有的地方对应该关闭的污染企业下不了决心，动不了手，甚至视而不见，放任自流；还有的地方环境执法受到阻碍，使一些园区和企业环境监管处于失控状态。这种状况不改变，生态立法就是空中楼阁，无从谈起。

第三，公正司法是保障。习近平总书记指出："司法是维护社会公平正义的最后一道防线。我曾经引用过英国哲学家培根的一段话，他说：'一次不公正的审判，其恶果甚

---

① 习近平：《关于〈中共中央关于全面推进依法治国若干重大问题的决定〉的说明》，载《十八大以来重要文献选编》（中），中央文献出版社 2016 年版，第 150 页。

至超过十次犯罪。因为犯罪虽是无视法律——好比污染了水流，而不公正的审判则毁坏法律——好比污染了水源。'这其中的道理是深刻的。如果司法这道防线缺乏公信力，社会公正就会受到普遍质疑，社会和谐稳定就难以保障。"①

所谓环境司法，从广义角度看，是对与环境相关的司法活动的统称。当前，环境司法面临的普遍性问题突出表现在四个方面：一是涉及环境保护案件取证难，诉讼时效认定难，法律适用难，裁决执行难。涉及环境保护案件一般具有跨区域、跨部门的特点，加之发生危害结果滞后和相关法律依据的缺失，导致了上述困难。二是涉及环境保护案件的鉴定机构、鉴定资质、鉴定程序亟须规范。三是主管环境资源的各部门与司法部门缺乏有效配合，司法手段与行政手段的衔接难，致使大量破坏环境资源的案件未进入司法程序。四是人民法院对加强环境司法保护的意识有待增强，涉及环境案件的审判力量不足，相关案件的立案、管辖以及司法统计等有待规范。

公益诉讼在古罗马时期已然形成，与私益诉讼区分而言，公益诉讼是保护社会公共利益的诉讼，除法律有特别规定外，凡市民均可提起。20世纪中期以来，日益严重的环境问题和逐渐高涨的环保运动使环境权作为人身权的一种受到公众的关注。因而，公民环境诉讼的活跃程度也是判断环境法实施程度的标志。在美国，为了鼓励公民环境

---

① 习近平：《关于〈中共中央关于全面推进依法治国若干重大问题的决定〉的说明》，载《十八大以来重要文献选编》（中），中央文献出版社 2016 年版，第 150 页。

诉讼，美国《清洁水法》规定，起诉人胜诉后，败诉方承担起诉方花费的全部费用，国家再对其给予奖励；美国《垃圾法》规定，对环境违法人提起诉讼的起诉人可得罚金的一部分。就此而言，仅以我国《民事诉讼法》第一百一十九条规定"原告是与本案有直接利害关系的公民、法人和其他组织"而言，环境诉讼的主体资格的认定条件已经涉及对公益诉讼主体资格的认定问题。习近平总书记就此专门论述指出："在现实生活中，对一些行政机关违法行使职权或者不作为造成对国家和社会公共利益侵害或者有侵害危险的案件，如……生态环境和资源保护等，由于与公民、法人和其他社会组织没有直接利害关系，使其没有也无法提起公益诉讼，导致违法行政行为缺乏有效司法监督，不利于促进依法行政、严格执法，加强对公共利益的保护。由检察机关提起公益诉讼，有利于优化司法职权配置、完善行政诉讼制度，也有利于推进法治政府建设。"①

第四，全民守法是基础。习近平总书记指出："法律的权威源自人民的内心拥护和真诚信仰。人民权益要靠法律保障，法律权威要靠人民维护。"② 必须弘扬社会主义法治精神，使全体人民成为社会主义法治的忠实崇尚者、自觉遵守者、坚定捍卫者。孔子提出："道之以政，齐之以刑，

---

① 习近平：《关于〈中共中央关于全面推进依法治国若干重大问题的决定〉的说明》（2014年10月20日），载《习近平关于全面依法治国论述摘编》，中央文献出版社2015年版，第80页。

② 《中共中央关于全面推进依法治国若干重大问题的决定》，载《十八大以来重要文献选编》（中），中央文献出版社2016年版，第172页。

民免而无耻；道之以德，齐之以礼，有耻且格。"① 生态环境是最公平的公共产品，是最普惠的民生福祉。每一个生活在地球上的人，其生存、发展和最后融入自然，莫不与环境相关。从中华文化的角度看，生态文化始终是传统文化的核心，体现了中华文明的主流精神，中国儒家提出"天人合一"，中国道家提出"道法自然"，历朝历代，皆有对环境保护的明确法规与禁令；中华民族始终把生态意识作为内心守护中国几千年传统文化的主流意识。从这个意义上讲，全民守法与全民建设生态文明，两者是一致的。

二 加强生态文明制度体系建设

生态文明制度建设是深化生态文明体制改革的重点和决定性成果。党的十九大报告指出："从现在到二〇二〇年，是全面建成小康社会决胜期。要按照十六大、十七大、十八大提出的全面建成小康社会各项要求，紧扣我国社会主要矛盾变化，统筹推进经济建设、政治建设、文化建设、社会建设、生态文明建设。"② 我们必须从全面建成小康社会、进而建成富强民主文明和谐美丽的社会主义现代化国家、实现中华民族伟大复兴的中国梦的必然要求出发，从在新的历史起点上全面深化改革的基调出发，从深

---

① 参见《论语·为政》。
② 习近平：《决胜全面建成小康社会 夺取新时代中国特色社会主义伟大胜利——在中国共产党第十九次全国代表大会上的报告》，人民出版社 2017 年版，第 27 页。

化生态文明体制改革是全面深化改革的重要组成部分和战略定位出发,不断阐明"美丽中国与生态文明体制""生态文明体制与生态文明制度"的关系。这个基本逻辑是:第一,全面深化生态文明体制改革是全面深化改革的重要内容和新举措;第二,制度建设是生态文明体制改革的重点;第三,制度体系建设是生态文明制度建设的系统措施;第四,形成更加成熟更加定型的生态文明制度是关键环节改革上取得的决定性成果。基于此,建设生态文明,必须建立系统完整的生态文明制度体系,用制度保护生态环境。要健全自然资源资产产权制度和用途管制制度,划定生态保护红线,实行资源有偿使用制度和生态补偿制度,改革生态环境保护管理体制。

第一,健全国家自然资源资产管理体制。国家对全民所有自然资源资产行使所有权并进行管理和国家对国土范围内自然资源行使监管权是不同的,前者是所有权人意义上的权利,后者是管理者意义上的权力。这就需要完善自然资源监管体制,统一行使所有国土空间用途管制职责,使国有自然资源资产所有权人和国家自然资源管理者相互独立、相互配合、相互监督。习近平总书记指出:"健全国家自然资源资产管理体制是健全自然资源资产产权制度的一项重大改革,也是建立系统完备的生态文明制度体系的内在要求。"① 我国生态环境保护中

---

① 习近平:《关于〈中共中央关于全面深化改革若干重大问题的决定〉的说明》,载《习近平关于全面深化改革论述摘编》,中央文献出版社 2014 年版,第 108 页。

存在的一些突出问题，一定程度上与体制不健全有关，原因之一是全民所有自然资源资产的所有权人不到位，所有权人权益不落实。从现实中看，生态文明建设是一项系统工程，但各自为政的属地化、条块化管理体制，致使政出多门、多头治污、九龙治水的现象比较普遍。在中央或地方财政支持或部门利益面前，权力重叠、权力竞争，但在监管或者行政追责方面，又经常出现"谁都在管、谁都不担责"的监管真空。对此，习近平总书记指出："用途管制和生态修复必须遵循自然规律，如果种树的只管种树、治水的只管治水、护田的单纯护田，很容易顾此失彼，最终造成生态的系统性破坏。"习近平总书记在党的十九大报告中进一步指出，"统筹山水林田湖草系统治理"。统筹山水林田湖草系统治理的实质，是以系统思维推进生态文明建设的系统工程。要自觉打破自家"一亩三分地"的思维定式，从顶层设计中进一步建立和完善严格的生态保护监管体制，对草原、森林、湿地、海洋、河流等所有自然生态系统以及自然保护区、森林公园、地质公园等所有保护区域进行整合，实施科学有效的综合治理，让透支的资源环境逐步休养生息。扩大森林、湖泊、湿地等绿色生态空间，做好资源上线、环境底线和生态红线的全方位、全系统界定，通过山水林田湖草的系统治理逐步增强环境容量。[1]

---

① 潘家华、黄承梁、李萌：《系统把握新时代生态文明建设基本方略——对党的十九大报告关于生态文明建设精神的解读》，《中国环境报》2017 年 10 月 24 日第 3 版。

第二，建立健全资源生态环境管理制度。习近平总书记指出："从制度上来说，我们要建立健全资源生态环境管理制度，加快建立国土空间开发保护制度，强化水、大气、土壤等污染防治制度，建立反映市场供求和资源稀缺程度、体现生态价值、代际补偿的资源有偿使用制度和生态补偿制度，健全生态环境保护责任追究制度和环境损害赔偿制度，强化制度约束作用。"①

加快建立国土空间开发保护制度。国土是生态文明建设空间载体。从大的方面统筹谋划搞好顶层设计，首先要把国土空间开发格局设计好。要按照人口资源环境相均衡、经济社会生态效益相统一的原则，整体谋划国土空间开发，统筹人口分布、经济布局、国土利用、生态环境保护，科学布局生产空间，给自然留下更多修复空间，给农业留下更多良田，给子孙后代留下天蓝、地绿、水净的美好家园；要实施主体功能区战略，严格实施环境功能区划，严格按照优化开发、重点开发、限制开发、禁止开发的主体功能定位，在重要生态功能区、陆地和海洋生态环境敏感区、脆弱区，规定并严守生态红线，构建科学合理的城镇化推进格局、农业发展格局、生态安全格局，保障国家和区域生态安全，提高生态服务功能。生态红线的观念一定要牢固树立起来。"要精心研究和论证，究竟哪些要列入生态红线，如何从制度上保障生态红线，把良好生态系统尽可能保护起来。列入后全党全国就一体遵行，决

---

① 习近平：《在十八届中央政治局第六次集体学习时的讲话》（2013年5月24日），载《习近平关于全面深化改革论述摘编》，中央文献出版社2014年版，第105页。

不能逾越。在生态环境保护问题上，就是要不能越雷池一步，否则就应该受到惩罚。"[1]

建立资源有偿使用制度。改革不合理的资源定价制度，使资源价格正确反映其市场的供求关系、资源稀缺程度和环境损害成本。逐步扩大资源税征收范围，提高征收标准并实行有利于资源节约的计税方法，适时开征生态环境保护税种，合理提高各类排污费征收标准。继续限制原材料、粗加工和高耗能、高耗材、高污染产品的出口。

建立生态补偿制度。按照"谁开发谁保护、谁破坏谁恢复、谁受益谁补偿"的原则，强化资源有偿使用和污染者付费政策，综合运用价格、财税、金融、产业和贸易等经济手段，改变资源低价和环境无价的现状，形成科学合理的资源环境的补偿机制、投入机制、产权和使用权交易等机制，从根本上解决经济与环境、发展与保护的矛盾。

第三，建立责任追究制度。习近平总书记指出：资源环境是公共产品，对其造成损害和破坏必须追究责任；"要建立责任追究制度，……对那些不顾生态环境盲目决策、造成严重后果的人，必须追究其责任，而且应该终身追究"[2]。当前，我国环境形势总体恶化的趋势没有得

---

[1]　习近平：《在十八届中央政治局第六次集体学习时的讲话》（2013 年 5 月 24 日），载《习近平关于全面建成小康社会论述摘编》，中央文献出版社 2016 年版，第 167 页。

[2]　习近平：《在十八届中央政治局第六次集体学习时的讲话》（2013 年 5 月 24 日），载《习近平关于全面深化改革论述摘编》，中央文献出版社 2014 年版，第 105 页。

到根本遏制，重大环境事件频频发生，环境风险日益加大，严重威胁着广大人民群众的生命和财产安全。而在重大污染事件发生后，责任追究却很难得到有效落实，尤其是具有决策权的地方党政领导干部很难受到应有的处罚。其结果是，党和政府形象受到损害，法律失去尊严，群众丧失信心。要对领导干部实行自然资源资产离任审计，建立生态环境损害责任终身追究制。"不能把一个地方环境搞得一塌糊涂，然后拍拍屁股走人，官还照当，不负任何责任。"①

三 推进生态文明建设国家治理体系和治理能力现代化

环境问题说到底是局部与整体、眼前与长远的关系问题，既是经济问题、民生问题，也必然是政治问题。从20世纪70年代开始，我们国家就提出要避免走发达国家"先污染，后治理"的老路，这是一个良好的愿望。但现在看来，我们没有完全避免。这主要是因为：

第一，从国际视野看，当代世界的经济发展与生态环境格局，贯穿于全球关系中的两个根本性问题——东西矛盾和南北差距，经济发展不平衡和生态失衡的状态还将持续下去。这个判断的主要依据是：首先，在开放的市场经

---

① 习近平：《在十八届中央政治局第六次集体学习时的讲话》（2013年5月24日），载《习近平关于全面深化改革论述摘编》，中央文献出版社2014年版，第105页。

济条件下，比较贫穷或相对贫穷的发展中国家在环境技术、资金、人力资源等方面均没有显著的比较优势，从比较经济学原理看，只能拿资源、环境容量、低廉的劳动力去同发达国家进行所谓"平等互惠"的交换和合作。其次，当前的国际经济秩序不合理，资源消耗在发展中国家，污染排放在发展中国家，廉价劳动力的使用在发展中国家，但清洁产品的消费在发达国家，销售价格中也没有体现应有的生态成本。因而，当今国际经济秩序的实质，是发达国家对发展中国家残酷的生态掠夺。

第二，就中国国内看，东部与西部、城市与农村、近郊与远郊，生态问题越来越呈现出极其复杂的治理格局。中国现状的复杂程度，是世界上任何一个国家都无法比拟的。从东部沿海到西部内陆，从繁华的都市到贫困的乡村，从政治到经济，从社会到文化，从民生到环境，19 世纪以来西方发达社会所出现的大部分现象，在今日中国都能同时看到。由于中国发展现状和复杂性极其特殊，世界上没有一个国家的成功经验可以帮助中国解决当前的所有问题。因为中国目前所要应付的挑战，是西方发达国家在过去 200 年里所遇困难的总和。这种复杂性和历史使命的特殊性是一种巨大的压力、一种严峻的挑战，也是一种前进的动力。中国现代化是绝无仅有、史无前例、空前伟大的。现在全世界发达国家人口总额不到 13 亿，13 亿多人口的中国实现了现代化，就会把这个人口数量提升 1 倍以上。走老路，去消耗资源，去污染环境，难以为继！中国现代化建设之所以伟大，就在于艰难，不能走老路，又要达到发达国家的水平，那就只有走科学发展之路。① 在科学发展路径上，现在有一点我们看得很清楚，任何企业、行业乃至地区的发展，只要与人民群众改善环境的需求背道而驰，其发展的路径就必然越走越窄，最终将"难以为继"。能否正确认识和处理环境问题，既是评价各级领导干部是否合格的重要标准，也是评价公民道德素养和认知水平的重要标准。

第三，就生态文明建设的实践来看，发展中国家解决环境问题的难度超出理论的想象，比当初发达国家治理环境污染问题还要难。一个是我们面临发展阶段的"瓶颈"。当前，我们正处于工业化、城镇化快速推进的历史阶段，客观上资源能源需求旺盛，排放量增加趋势强劲。在这种情况下，转方式调结构的任务非常艰巨，不是一朝一夕可以解决的。20 世纪 60 年代末 70 年代初，美国向环境污染宣战的时候，其城镇化率已经超过 75%，第三产业在三次产业中的比例已达到 63%。发展阶段的差异，使得我们解决环境问题比发达国家要更加困难。另一个是自然禀赋的瓶颈。生存与发展的辩证关系表明，在一定限度内，发展是对生存的完善和促进，但超过这一限度，发展就反过来构成对生存的威胁。发展有临界点，接近或超过临界点，就会危及人类自身的生存。这个临界点，既包括发展规模又包括发展速度，映射在自然界，就是地球生态系统吐故

---

① 参见中共中央文献研究室《中国特色社会主义生态文明建设道路》课题组《为中国梦的实现创造更好的生态条件——十八大以来党中央关于生态文明建设的思想与实践》，《党的文献》2016 年第 2 期。

纳新、自我修复的能力范围，也就是生态阈值。[1] 习近平总书记深刻指出："大部分对生态环境造成破坏的原因是来自对资源的过度开发、粗放型使用。如果竭泽而渔，最后必然是什么鱼也没有了。因此，必须从资源使用这个源头抓起。"[2] 全面促进资源节约，节约资源是保护生态环境的根本之策。扬汤止沸不如釜底抽薪，在保护生态环境问题上尤其要确立这个观点。

基于此，我们必须按照党的十九大精神和习近平新时代中国特色社会主义思想所确定的基本方略，必须走生态文明建设国家治理体系和治理能力现代化新道路。习近平总书记指出："坚持把完善和发展中国特色社会主义制度，推进国家治理体系和治理能力现代化作为全面深化改革的总目标。"[3]

国家治理体系和治理能力是一个国家制度和制度执行能力的集中体现。国家治理体系是在党领导下管理国家的制度体系，包括经济、政治、文化、社会、生态文明和党的建设等各领域体制机制、法律法规安排，也就是一整套紧密相连、相互协调的国家制度；国家治理能力则是运用

---

[1]　参见冯之浚《谈循环经济与立法研究》，《财经界》2017年第 9 期。

[2]　习近平：《在十八届中央政治局第六次集体学习时的讲话》（2013 年 5 月 24 日），载《习近平关于全面建成小康社会论述摘编》，中央文献出版社 2016 年版，第 167 页。

[3]　习近平：《切实把思想统一到党的十八届三中全会精神上来》（2013 年 11 月 12 日），载《习近平关于全面建成小康社会论述摘编》，中央文献出版社 2016 年版，第 167 页。

国家制度管理社会各方面事务的能力，包括改革发展稳定、内政外交国防、治党治国治军等方面。国家治理体系和治理能力是一个有机整体，相辅相成，有了好的国家治理体系才能提高治理能力，提高国家治理能力才能充分发挥国家治理体系的效能。

推进生态文明国家治理体系和治理能力现代化，需要站在全局高度，统筹兼顾、抓住重点、远近结合、综合施策。

第一，加快推进环境管理战略转型。这是推进国家生态环境治理体系和治理能力现代化的着力点。要制定实施基于环境质量改善目标的政策措施，统筹协调污染治理、总量减排、环境风险防范和环境质量改善的关系，形成以环境质量改善倒逼总量减排、污染治理，进而倒逼转方式调结构的联合驱动机制。不断创新环境管理方式，从以约束为主转变为约束与激励并举，更多地利用市场机制和手段来引导企业环境行为。推进多元共治，完善社会监督机制，强化环境信息公开，促进环保社会组织健康发展，构建全民参与的社会行动体系。加强高科技手段在环保领域的应用，提高环境管理的智能化、精细化水平。

第二，深化改革助推职能转变。继续推进环保行政审批制度改革，抓紧取消和下放已研究确定的审批事项，严格规范和控制新增行政审批。将行政审批制度改革与推进向社会力量购买服务结合起来，拓宽政府环境公共服务供给渠道，提高政府公共服务能力，带动环保产业尤其是环境服务业发展壮大。积极推进建设项目环评验收、环境质量监测、污染源排污监测、环境质量改善和管理技术、污水和生活垃圾收集处理等领域的政府购买服务，探索环保服务业新的发展路径，推动部分省份开展环保服务业试点，指导地方政府开放环保服务业发展。

第三，完善管理体制机制。要从恢复和维持生态系统整体性与可持续性的系统理念出发，建立和完善职能有机统一、运转协调高效的生态环保综合管理体制，实现国家生态环境治理制度化、规范化、程序化。建立和完善严格的污染防治监管体制、生态保护监管体制、核与辐射安全监管体制、环境影响评价体制、环境执法体制、环境监测预警体制，通过体制创新，建立统一监管所有污染物排放的环境保护管理制度，独立进行环境监管和行政执法。

第四，加强环保能力建设。以构建先进的环境监测预警体系、完备的环境执法监督体系、高效的环境信息化支撑体系为重点，进一步提高环保部门的履职能力。完善国家环境监测网络，提高农村地区环境监测覆盖率。探索推进区域联合执法，加强环保与公安、法院等执法联动，严肃查处环境违法行为，提高环保执法震慑力。实施国家生态环境保护信息化工程，推进环境信息公开和资源共享。[①]

---

① 参见周生贤《主动适应新常态　构建生态文明建设和环境保护的四梁八柱》，2014 年 12 月 3 日，中华人民共和国环境保护部网站。

第八章

科学规划,一张蓝图绘到底

党的十八大以来,以习近平同志为核心的党中央深刻认识到城镇化对经济社会发展的重大意义,科学规划和明确未来城镇化的发展路径、主要目标和战略任务,就深入推进新型城镇化建设作出了一系列重要论述和重大决策部署,形成了指导中国城镇化健康发展、迈向城市社会的纲领性框架思路,为"十三五"乃至长远中国城镇化建设指明了方向。这一系列重要讲话和重大决策部署,是按照"走中国特色新型城镇化道路、全面提高城镇化质量"的新要求做好新型城镇化建设工作的基本遵循,体现了中华优秀传统文化的创造性转化、创新性发展和建设生态文明的现代化理念,对全面建成小康社会、加快推进社会主义现代化具有重大现实意义和深远历史意义。

一 尊重城镇化规律,科学规划城市发展蓝图

城镇化是现代化的必由之路,是我国最大的内需潜力和发展动能所在。在"十三五"开局之年,习近平总书记对深入推进新型城镇化建设作出重要指示,强调新型城镇

化建设一定要站在新起点、取得新进展。要坚持以创新、协调、绿色、开放、共享的发展理念为引领，以人的城镇化为核心，更加注重提高户籍人口城镇化率，更加注重城乡基本公共服务均等化，更加注重环境宜居和历史文脉传承，更加注重提升人民群众获得感和幸福感。要遵循科学规律，加强顶层设计，统筹推进相关配套改革，鼓励各地因地制宜、突出特色、大胆创新，积极引导社会资本参与，促进中国特色新型城镇化持续健康发展。①

科学规划是治国理政、谋划和推进我国城镇化建设进程可持续健康发展的重要举措和成功经验。作为一种综合性发展规划和国家规划体系的重要组成部分，科学规划在我国新型城镇化建设中同样具有先导性、规范性作用。

按照建设中国特色社会主义"五位一体"总体布局，顺应发展规律，积极稳妥、扎实有序地推进新型城镇化建设，需要在遵循国家和地区主体功能区制度、国土空间用途管制、生态环境保护制度等基础上，建立统一规范的空间规划体系和治理体系，发挥科学规划的因势利导、趋利避害、战略引导、标准引领、刚性控制等作用和功能，完善推动新型城镇化绿色循环低碳发展的体制机制，形成节约资源和保护环境的空间格局、产业结构、生产方式和生活方式。

城镇化规划是丈量我国城镇化水平的时空标尺。习近平总书记指出：城市规划在城市发展中起着重要引领作

---

① 参见习近平《促进中国特色新型城镇化持续健康发展》，2016 年 2 月 23 日，新华社。

用，考察一个城市首先看规划，规划科学是最大的效益，规划失误是最大的浪费，规划折腾是最大的忌讳。① 作为深入推进新型城镇化的政策工具和战略抓手，科学规划在调控国民经济和社会发展、优化城乡布局、完善城市功能、指导城市有序发展、提高城市建设和管理水平、增进民生福祉等方面具有重要的引导、规范和调控作用。从城市科学研究的视角看，城市规划是引导、规范和调控城市建设，保护和管理城市空间资源的重要依据和手段，在指导城市有序发展、提高建设和管理水平等方面发挥着重要作用。

"十三五"规划纲要从提升城市治理水平的视角提出了"创新城市规划理念和方法，合理确定城市规模、开发边界、开发强度和保护性空间，加强对城市空间立体性、平面协调性、风貌整体性、文脉延续性的规划管控"的行动指南。② 创新城市规划理念和方法，推进新型城镇化建设，实现"规划科学是最大的效益"，以人为本是核心，实事求是确定城市定位是前提，避免"规划失误""规划折腾""走弯路"引起的浪费则是实现"规划科学是最大的效益"的必要条件，须通过科学规划和务实行动对新型城镇化建设蓝图作出符合时代要求、顺应人民愿望、符合发展规律的科学回答。

---

① 参见《习近平在北京考察工作时强调：立足优势、深化改革、勇于开拓，在建设首善之区上不断取得新成绩》，2014 年 2 月 26 日，新华社。

② 《中华人民共和国国民经济和社会发展第十三个五年规划纲要》，人民出版社 2016 年版，第 84 页。

　　科学规划城市发展蓝图,要认识、尊重、顺应城市发展规律,端正城市发展指导思想。在建设新型城镇化进程中,我国处于并将长期处于社会主义初级阶段是推进可持续发展、走新型城镇化道路需要面对的最大国情,人民群众日益增长的美好生活需要和不平衡不充分的发展之间的矛盾仍是推进以人为核心的城镇化需要统筹处理的主要矛盾。

　　认识、尊重、顺应城市发展规律,发挥城市规划在我国城镇化进程中的重要引领作用,适应我国新型城镇化建设的新要求,打造、培育我国新型城镇化新动能,一是坚持遵循经济规律和科学发展,认识和把握当前和今后一个时期我国经济发展的大逻辑,作为经济发展的动力和结果,使我国新型城镇化规划和建设适应和引领经济新常态,避免规划和市场的脱节,使城市建设和经济发展相辅相成、相互促进;二是坚持遵循自然规律和可持续发展,以人口城镇化和土地城镇化的匹配为约束,使城市规模和资源环境承载能力相适应,建立资源环境承载能力监测预警机制,对不同主体功能区实行差别化财政、投资、产业、土地、人口、环境、考核等政策;三是要坚持遵循社会规律和包容性发展,保障城镇化水平和公共服务能力的匹配;四是建立空间规划体系,在遵循《全国主体功能区划》《国家新型城镇化规划（2014—2020 年）》的基础上,坚定不移实施主体功能区制度,划定生态保护红线,严格按照主体功能区定位推动发展。

　　站在新的历史起点上,中国新型城镇化蓝图已然绘就,路径明确,动力充沛。正如习近平总书记对中国的未来表现出的充分自信："我们比历史上任何时期都更接近中华民族伟大复兴的目标，比历史上任何时期都更有信心、有能力实现这个目标。"① 面对新的时代特点和实践要求，以科学规划为战略抓手，擘画发展蓝图，促进生态红线的落图，应当把生态文明建设融入国家新型城镇化建设全过程，在遵循谋划发展的基本依据基础上，把思想和行动统一到新的发展理念上来，崇尚创新、注重协调、倡导绿色、厚植开放、推进共享，引领新常态下我国城镇化转型，为实现"两个一百年"奋斗目标、实现中华民族伟大复兴的中国梦提供强大动能，使广大人民群众共享新型城镇化的发展成果。

中国特色新型城镇化是以人为本的城镇化。我国城镇化是在人口多、资源相对短缺、生态环境比较脆弱、城乡区域发展不平衡的背景下推进的，这决定了不能把城镇化简单地等同于城市建设，必须从社会主义初级阶段这个最大实际出发，围绕人的城镇化这一核心，遵循城镇化发展规律，合理引导人口流动，有序推进农业转移人口市民化，稳步推进城镇基本公共服务常住人口全覆盖，不断提高人口素质，实现产业结构、就业方式、人居环境、社会保障等一系列由"乡"到"城"的转变，在城镇化过程中促进人的全面发展和社会公平正义，使全体居民共享现代化建设成果，这是中国特色新型城镇化的基本要求。

人民是城市的主人。习近平总书记指出，我们的人民

---

① 习近平：《在庆祝中国共产党成立 95 周年大会上的讲话》，人民出版社 2016 年版，第 27 页。

热爱生活，人民对美好生活的向往，就是我们的奋斗目标。[①]"带领人民创造幸福生活，是我们党始终不渝的奋斗目标。"[②]顺应人民群众对美好生活的向往，坚持以人民为中心的发展思想，就要以"人民城市为人民""保证人民平等参与、平等发展权利"为制订新型城镇化规划的出发点和落脚点，以保障和改善民生为重点，打赢脱贫攻坚战，发展各项社会事业，使新型城镇化建设成果更多更公平地惠及全体人民。

坚持"人民城市为人民"，一切城市建设只有从广大市民需要出发，只有围绕人民需求，回应人民期待，才有意义。推进中国特色新型城镇化进程使农民变市民，必须以人为本。以人为本，就是以人为基础，以人为根本，以人为核心。就是要把满足城乡居民的美好生活需要和有利于城乡居民的自由全面发展作为推动城乡经济社会发展的根本出发点和最终归宿。在城乡经济社会发展中，推进城镇化进程，有序推进农业转移人口市民化，加快推进以工业化为前提、以农业现代化为基础、以农村城镇化为依托的综合性的经济社会变迁，实现农村社会的城镇化、现代化和人的自由全面发展。

新型城镇化建设是一项重大系统工程，通过科学规划制定城市发展蓝图，需要找准我国新型城镇化的切入点，

---

①　习近平：《人民对美好生活的向往，就是我们的奋斗目标》（2012 年 11 月 15 日），载《习近平关于全面建成小康社会论述摘编》，中央文献出版社 2016 年版，第 129 页。

②　习近平：《在庆祝中国共产党成立 95 周年大会上的讲话》，人民出版社 2016 年版，第 18 页。

开创城市发展新局面。习近平总书记强调"城镇化"工作涉及面很广，要积极稳妥推进，越是复杂的工作越要抓到点子上，突破一点，带动全局。

统筹协调城镇空间、规模、产业三大结构。以城市群为主体形态，统筹空间、规模、产业三大结构，有利于提高科学规划的全局性。习近平总书记指出："要科学布局生产空间、生活空间、生态空间，扎实推进生态环境保护，让良好生态环境成为人民生活质量的增长点，成为展现我国良好形象的发力点。"① 城市群规划、建设和发展是城镇化发展的重点和亮点。要把中国城镇化道路的重点放到促进城市群的发展上。② 把城市群作为主体形态，科学规划城市空间布局，一是促进大中小城市和小城镇合理分工、功能互补、协同发展，构建开放高效的创新资源共享网络，使各城市逐步形成横向错位发展、纵向分工协作的发展格局；二是优化提升东部城市群，在中西部地区培育一批城市群、区域中心城市，促进边疆中心城市、口岸城市联动发展。

促进新型城镇化和新农村建设协调推进。城市和乡村之间有着资源、经济、文化、生态、环境等方面的天然的有机联系，是人口和产业集聚的最基本空间，加快城乡一体化发展，城市工作需要同"三农"工作一起推动，科学

---

① 习近平：《在华东七省市党委主要负责同志座谈会上的讲话》，载《习近平关于全面建成小康社会论述摘编》，中央文献出版社 2016 年版，第 176 页。

② 参见《习近平在中央城镇化工作会议上发表重要讲话》，新华网，2013 年 12 月 14 日。

规划县域村镇体系，提升乡镇村庄规划管理水平，建设美丽乡村，积极推进"城镇化"和"村镇化"双重动力互为支撑、互为补充的中国特色新型城镇化体系建设。习近平总书记强调，加快推进城乡发展一体化，是党的十八大提出的战略任务，也是落实"四个全面"战略布局的必然要求。① 党的十九大报告进一步指出了"实施乡村振兴战略"，要建立健全城乡融合发展体制机制和政策体系，把发展块状经济与推进城市化、推进区域经济协调发展、加快农业农村现代化结合起来，促进城乡联动，促进城乡在规划布局、要素配置、产业发展、公共服务、生态保护等方面相互融合和共同发展，形成以工促农、以城带乡、工农互惠、城乡一体的新型工农城乡关系，逐步实现城乡居民基本权益平等化、城乡公共服务均等化、城乡居民收入均衡化、城乡要素配置合理化，以及城乡产业发展融合化。

统筹衔接规划、建设、管理三大环节。统筹规划、建设、管理三大环节是提高科学规划城市发展蓝图的内在要求，一是要综合考虑城市功能定位、文化特色、建设管理等多种因素来制订规划；二是要开门搞规划，建立吸纳规划企事业单位、建设方、管理方和市民代表共同参与的常态化机制和制度安排；三是加强控制性详细规划的公开性和法律强制性；四是安全应该放在中国城市规划、建设和管理首位，要把住安全关、质量关，把安全工作落实到城

---

① 习近平：《健全城乡发展一体化体制机制　让广大农民共享改革发展成果》，新华网，2015 年 5 月 1 日。

市工作的各环节和城市建设发展的各领域。

激发和挖潜改革、科技、文化三大动力。科学规划城市发展蓝图要以激发和挖潜本地区改革、科技、文化三大动力为着力点，推进规划、建设、管理、户籍等方面的改革，加强对农业转移人口市民化的战略研究，有序推动常住人口市民化，建设整合人口、资源、环境、文化等方面的综合性城市管理数据库"智慧城市"和"海绵城市"的建设，保护和传承、弘扬前人留下的文化遗产，提升城市竞争力，为实现城市的定位和目标创造环境和条件。

统筹生产、生活、生态三大布局。要"促进人与自然和谐共生，构建科学合理的城市化格局"[①]。推动城市建设，要更加自觉地处理好人和自然的关系。在有限的空间内，建设空间大了，绿色空间就少了，自然系统自我循环能力就会下降，区域生态环境和城市人居环境就会变差。城市规划建设的每个细节都要考虑对自然的影响，更不要打破自然系统。统筹生产、生活、生态布局要坚持生态文明理念，以"生产空间的集约高效、生活空间的宜居适度、生态空间的山清水秀"为必要条件制订科学规划，根据区域自然条件和资源环境"生态红线"约束，学习借鉴成熟经验，科学划定开发边界和设置开发强度，构建科学合理的城镇化宏观布局。

统筹政府、社会、市民三大主体。建设新型城镇化，需要提高包括政府、社会、市民在内的所有社会力量参与

[①] 《中国共产党第十八届中央委员会第五次全体会议公报》，人民出版社 2015 年版，第 11 页。

本地区城镇规划等的积极性,贯彻新发展理念,同心同向形成推动转变城镇化发展方式的合力,培育和弘扬社会主义核心价值观,提高市民文明素质,积聚城市发展正能量;在治理污染、修复生态中加快营造良好人居环境,在脱贫攻坚、推进共享中努力提高人民生活水平;在完善城市治理体系中提高城市治理能力和运营水平,鼓励企业和市民参与城市规划、建设和管理,实现城市共治共管、共建共享。

二　望得见山、看得见水、记得住乡愁

对于新型城镇化的建设理念,习近平总书记指出,城镇建设要体现尊重自然、顺应自然、天人合一的理念,依托现有山水脉络等独特风光,让城市融入大自然,让居民望得见山、看得见水、记得住乡愁。① 这是对我国优秀传统文化和规划理念的继承和发展,也是以习近平同志为核心的党中央对新型城镇化顶层设计和建设指导理念的升华,更是每一位城镇居民对美好生活的向往。既有历史深度,也有决策温度。

城镇化是现代文明的基本标志,新型城镇化建设的人文水平是建设"让生活更美好"的城市和建设"美丽乡村"、加快推进农业农村现代化的生命力所在。剪不断的"乡愁",凝结着源远流长的中华文化和城乡居民对美好生

---

① 参见中共中央宣传部编《习近平总书记系列重要讲话读本》(2016 年版),人民出版社 2016 年版,第 162 页。

活的精神追求，"记得住乡愁"是对中华文化的弘扬与繁荣，是坚定文化自信所表现出来的深层次的精神追求和坚守，也是党和政府顺应世情人心的远见卓识和重大决策。其中，从历史发展的视角看，乡愁是拥有五千多年不间断的文明历史的中华民族的文化积淀与延续，是中国人民特有的精神思维秉性、群体生活特性和区域居住习性的一种人文表达；从人文发展的视角看，乡愁则内化为特有乡村风貌、民族文化和地域文化特色濡染下的一种习惯、一种记忆和一种精神寄托，在塑造了乡村特有风貌的同时，也为农民提供了丰富的精神食粮。坚持农业农村优先发展，遵循"产业兴旺、生态宜居、乡风文明、治理有效、生活富裕"的总要求①，就要满足农民过上美好生活的新期待，在农业农村工作实践创造中，完善农村公共文化服务体系，创新乡村文化经济政策，推动乡村文化创造性转换和创新性发展。

"记得住乡愁"和传统建筑的保护、县域村镇形态密不可分。没有美丽乡村就没有美丽中国，只有每一个县，每一个乡镇，每一个村都变美，"美丽中国"才能成为现实。习近平总书记强调，在促进城乡一体化发展中，要注意保留村庄原始风貌，慎砍树、不填湖、少拆房，尽可能在原有村庄形态上改善居民生活条件。② 早在浙江工作时，

---

① 习近平：《决胜全面建成小康社会 夺取新时代中国特色社会主义伟大胜利——在中国共产党第十九次全国代表大会上的报告》，人民出版社 2017 年版，第 32 页。

② 参见《习近平在中央城镇化工作会议上发表重要讲话》，新华网，2013 年 12 月 14 日。

时任浙江省委书记的习近平就谆谆告诫,"现在有的地方搞旧城拆迁改造,把一些文物古迹搞得荡然无存,这是非常可惜的"①。2002 年,在《〈福州古厝〉序》中强调,保护好古建筑、保护好文物就是保存历史,保存城市的文脉,保存历史文化名城无形的优良传统。现在许多城市在开发建设中,毁掉许多古建筑,搬来许多洋建筑,城市逐渐失去个性。②

　　因此,推动"记得住乡愁"的新型城镇化持续健康发展,建设美丽乡村,不仅要注重在物理和物质意义上,保护和弘扬传统优秀文化,要融入让群众生活更舒适的理念,融入现代元素,通过空间的规划和市场机制促进城镇空间资源和格局的科学、合理、公平配置;更要注重从社会经济意义上,延续城市和乡村历史文脉,真正体现以人为本、尊重地域文化、重视历史传承的社会发展理念,为全面建成小康社会、加快推进社会主义现代化、实现中华民族伟大复兴的中国梦提供坚实的人文支撑与和谐的社会基础。这些都体现在建设"美丽乡村"和"让生活更美好"的城市,协调推进新型城镇化和新农村建设的每一个细节中。

　　科学规划和推进以人为核心的"美丽乡村"和新型城镇化建设,要树立"望得见山,看得见水"的人与自然

---

　　① 习近平:《加强对西湖文化的保护》,载《之江新语》,浙江人民出版社 2007 年版,第 19 页。

　　② 参见习近平《〈福州古厝〉序》,《福建日报》2015 年 1 月 6 日。

观。从新型城镇化建设的"硬"要求来看，"留住乡愁"是新型城镇化和美丽乡村建设的精神要求，是统筹城乡协调发展、同步发展，提高广大农民群众幸福感和满意度的必然选择。"产业兴旺、生态宜居、乡风文明、治理有效、生活富裕"的美丽乡村是实现美丽中国的必由之路，主要体现在四个方面：一是具有优美环境，山清、水秀、天蓝、地洁，解决生态问题，这是中国民众最普遍的诉求；二是具有城乡一体、公共服务完备的基础设施，积极为广大农民谋福祉，切实提升农民群众的生活满意度；三是具有产业支撑，弥补发展的农村短板，百姓增收致富有途径，确保同步全面建成小康社会；四是具有文化传承，顺应城乡一体化发展的历史趋势，注重乡村良好的自然生态品质，凸显乡土特色和人文环境。

城市风貌和乡村风貌是社会文化基因在特定地理空域上的外在直观展现。习近平总书记指出，历史文化是城市的灵魂，要像爱惜自己的生命一样保护好城市历史文化遗产①；博大精深的中华优秀传统文化是我们在世界文化激荡中站稳脚跟的根基。这些重要论断深刻阐明了发展繁荣中华历史文化对于中华民族伟大复兴的重要意义，也深刻阐明了发展繁荣中华文化在我国新型城镇化进程中的时代使命与责任担当、新型城镇化规划和"美丽乡村"建设应有的价值追求。

---

① 参见全国干部培训教材编审指导委员会组织编写《社会主义文化强国建设》，人民出版社、党建读物出版社 2015 年版，第 160 页。

　　当前，我国已由以乡村型社会为主体的城乡发展时期，进入以城市型社会、城市人口为主体的新时代。"留住乡愁"，开展新型城镇化建设、推进乡村振兴，一方面，要把创造优良人居环境作为中心目标，以系统工程的思路把握好生产空间、生活空间、生态空间的联系，以自然为美把山水风光和田园有机融入城镇建设，以自然恢复为主大力开展环境保护和生态修复，遵循绿色发展、循环发展、低碳发展的理念，规划和布局区域、城际和城市内部交通、能源、供排水、供热、污水和垃圾处理等基础设施网络和城市生命线，节约集约利用土地、水、能源等生产投入要素资源，让城市再现绿水青山，推动形成绿色低碳的生产生活方式和城市建设运营模式；另一方面，不能丢了"文化"这个根本，相反，要重视文化，尤其是中华文化，要充分体现中华元素、文化基因，还要虚心学习其他先进文化，借鉴其他文化特色，为城市营造浓厚的文化气息，增强城市本身的吸引力与魅力，把城市建设成为人与人、人与自然"和谐共处""和实生物""生生不息"的美丽家园，推进社会的和谐发展。

　　从科学规划的视角看，"记得住乡愁"要规划先行，严守环境质量底线和生态资源红线。《国家新型城镇化规划（2014—2020年）》提出，要根据不同地区的自然历史文化禀赋，体现区域差异性，提倡形态多样性，防止千城一面，发展有历史记忆、文化脉络、地域风貌、民族特点的美丽城镇，形成符合实际、各具特色的城镇化发展模式。随着新型城镇化的推进，以人为本、尊重自然、传承历史、绿色低碳的理念将日益融入新型城镇化规划、"美丽乡村"建设和乡村振兴的全过程,这不仅赋予了建设"让生活更美好"的城市和"美丽乡村"的新理念,更体现了以人为本、"留住乡愁"的新型城镇化要求。城镇化并非要急剧扩张城市规模,而是"要严控增量,盘活存量",要通过集约化利用建设土地,守住耕地等资源和生态保护的红线,不能无节制地扩大建设用地,甚至要适度"减少工业用地",以保护耕地、园地、菜地等农业空间,形成生产、生活、生态空间的合理结构。"记得住乡愁",要高度重视生态安全,建立资源环境承载能力监测预警机制,扩大森林、湖泊、湿地等绿色生态空间比重,增强水源涵养能力和环境容量,让人们在生活空间里能够"望得见山、看得见水"。

记得住乡愁,就是要在规划先行时,注重山水形胜、注重历史遗存和文化标志。要在此基础上把握城镇发展的脉络,体现尊重自然、顺应自然、天人合一的理念。当前,我国在积极推进的新型城镇化进程中,也存在不少贪大求洋和照搬照抄、一味倚重物质主义、大干快上、长官意志,甚至在改造的同时将故有的文化遗产推倒,建起一片文化沙漠的发展现象,损伤了城市的自然景观和文化个性;而一些农村地区的大拆大建,同样导致了乡土特色和民俗文化的流失。如果一座座新城让这里祖辈成长的人民感觉到陌生,而重新定位生活,一定是人文内涵的巨大损失。因此,在加快城镇化的进程中,决策要民主、规划要科学、实施要慎重,切莫捡了芝麻、丢了西瓜。

记得住乡愁,就是在开展"美丽乡村"建设和推进乡村振兴中,加强推进文化遗存的保护。要保护那些历史建筑、传统民居和古村名树,甚至包括那些很讲究的街巷规划和建筑小品的点缀。这些都是中华民族长期形成的民族特色,也是祖祖辈辈的习俗遵循以及几百年永续传承的文化记忆。从实践来看,注重规划引领,并通过项目形式进行推进,是"美丽乡村"建设的一条重要经验。习近平总书记指出,推进农村人居环境整治,关键是要做到规划先行,既充分发挥规划对实践的规范指导作用,又始终坚持把规划实施作为工作推进的基本环节,做到"符合规律不折腾、统筹推进不重复、长效使用不浪费"。编制美丽乡村规划要因地制宜,尊重群众意愿,注重规划和项目的可操作性。在总体规划布局上,需结合各村的地理区位、资源禀赋、产业发展等情况,在空间上考虑业态功能的互补和承接不同客源市场,论证确定美丽乡村重点村及核心项目,优化方案,优选项目,有序开展,集中财力,"不撒胡椒面"。注重项目实施可行性,不求大而全,不搞大拆大建,集约利用土地。

记得住乡愁,就是在新型城镇化建设进程中,要"本着对历史负责、对人民负责的精神",坚持"从历史走向未来,从延续民族文化血脉中开拓前进",保护和继承优秀传统文化,保留独特文脉和历史遗产。一是要在遵循我国主体功能区划和生态功能区划的基础上,结合本地区对历史传承、区域文化、时代要求,加强城镇空间的规划和用途管控,把城镇文脉延续性融入城镇空间立体性、平面协调性、风貌整体性之中,保护好前人留下的文化遗产,留住城市特有的地域环境、文化特色、建筑风格等"基因",让文物说话、把历史智慧告诉人们,培育本地区的城镇自然风貌和时代精神，凝聚人心，以建立本地区居民的自豪感、自信心和归属感。二是处理好"城市改造开发和历史文化遗产保护利用的关系，切实做到在保护中发展、在发展中保护"，加强对中华优秀传统文化的挖掘和阐发，弘扬时代精神，努力实现中华传统美德的创造性转化、创新性发展，外树形象以激扬城市历史遗产和人文底蕴，打造城镇宜居创业营商"金名片"。

三　一张蓝图绘到底

推进我国新型城镇化向更高阶段迈进，促进城镇化和新农村建设协调推进，一方面，科学规划要在建立国土空间开发保护制度和空间治理体系、空间规划体系的基础上管全局管长远，推进多规合一，做到一张蓝图绘到底、一张蓝图干到底；另一方面，要让法规制度成为带电的"高压线"，不断增强推进我国新型城镇化规划和建设的贯彻力、执行力，推动新型城镇化蓝图内涵的战略引导力、标准规范力和刚性控制力转化为驱动城镇发展转型的现实生产力。

规划是引领"让生活更美好"的城市和"美丽乡村"建设的灵魂和先导，是城市和乡村最强劲的生产力。纵观世界城镇化历史，我们可以深刻体会到，良好的规划设计，能促进城市、县域村镇功能完善与整体效能提升，实现可持续发展。反之，则会带来经济效益和社会效益的双重损失。

城镇规划在城市、县域村镇发展中发挥着战略引领和刚性控制作用，一份好的规划有助于提升城市、县域村镇运行效率。完善城市、县域村镇功能，实现可持续发展，需要在建立统一规范的空间规划、完善主体功能区制度、健全国土空间用途管制制度的基础上，强化城市、县域村镇规划工作，增强规划的前瞻性、严肃性和连续性，实现一张蓝图绘到底，更需要将一份好的规划执行到底。

城市、县域村镇，不仅是今天生活的人的基本空间，更是子孙后代的生产、生活、生态空间。因此，科学规划要有"一管百年"的思维，"一张蓝图绘到底"的执着和坚持。如此，才能有利于我们打造经济适用、绿色美观的宜居城市、美丽乡村，才能有利于我们城市、乡村精神文脉的传承。而要做到这一点，则首先要有对人民负责、对未来负责的态度。

在很长一段时间内，规划朝令夕改的现象普遍存在。规划变来变去之后，带来的必然是城市发展在稳定性和延续性上的大打折扣，造成严重的资源和资金浪费。规划乱象的发生，主要原因还是在发展理念上出了问题。一些地方不是实事求是地发掘本地的特色和禀赋，而是贪大媚洋求怪，完全依靠领导的个人喜好来随性规划。再加上个别地方主政者受"好大喜功"政绩观的影响，一心想留点自己的"标志性工程"，便盲目地扩张新区大拆大建，甚至为了招商引资、争取项目，一味地迎合开发商，置百姓实际生活于不顾。这些都是不按城市规划科学办事的体现，也让地区发展失去了灵魂。地方党政领导必须进一步端正政绩观，发扬钉钉子的精神，真正做到一张好的规划蓝图一绘到底，切实干出成效来。

习近平总书记指出，要真正做到一张好的蓝图一干到底，切实干出成效来，我们要有钉钉子的精神。"钉钉子往往不是一锤子就能钉好的，而是要一锤一锤接着敲，直到把钉子钉实钉牢，钉牢一颗再钉下一颗，不断钉下去，必然大有成效。如果东一榔头西一棒子，结果很可能是一颗钉子都钉不上、钉不牢。"① 我们要有"功成不必在我"的精神。一张好的蓝图，只要是科学的、切合实际的、符合人民愿望的，大家就要一茬接着一茬干，干出来的都是实绩，广大干部群众都会看在眼里、记在心里。要树立正确政绩观，多做打基础、利长远的事，不搞脱离实际的盲目攀比，不搞劳民伤财的"形象工程""政绩工程"，求真务实，真抓实干，勇于担当，真正做到对历史和人民负责。

发挥科学规划的政府调控职能，要坚持先规划后建设的原则，把握好地区发展定位，把每一寸土地都规划得清清楚楚后再开工建设。一是在区域之间，以区域发展总体战略为基础，划定好大的空间格局，注重开发强度管控，实现城市开发边界和生态红线"两线合一"；二是在城市、县域村镇层面，要提升城市、县域村镇形态，有更多开敞空间，体现绿色低碳智能、宜居宜业的特点；三是要创新体制机制和政策，制定配套政策。凡事预则立，不预则废，做好规划、做足计划的重要性不言而喻。在城市新区

---

① 习近平：《在党的十八届二中全会第二次全体会议上的讲话（节选）》（2013 年 2 月 28 日），载《习近平关于全面建成小康社会论述摘编》，中央文献出版社 2016 年版，第 188 页。

建设中，不论是城市定位、土地用途，还是城市空间格局、城市形态，都是需要通盘考虑、缜密规划的。任何事关生存与发展的举措或战略，注定不会是一朝一夕、一蹴而就的。以推动京津冀协同发展为例，习近平总书记强调实现京津冀协同发展是一个重大国家战略，规划建设北京城市副中心，疏解北京非首都功能、推动京津冀协同发展是历史性工程，是当前我国面临的现实课题，唯有坚定信念、苦干实干精干，一件一件事去做，一茬接一茬地干，发扬"工匠"精神，精心推进，有序推进，不留历史遗憾，才能真正实现城市让生活更美好的愿景。

应该认识到，规划必须是科学的，因为地区发展是一项综合系统工程，规划的制订要符合其发展规律。作为引领地区发展的重要方针，规划落实必须强化刚性。

建设好、管理好新型城镇化建设，必须重视规划，让规划真正硬起来。既然是维护公共利益的公共政策，在制定和执行的过程中，就要多一些民生考量，不能被少数人的利益所牵制；就要立足长远、高瞻远瞩，不能朝令夕改、劳民伤财；就要兼顾现在与未来，不能为了眼前利益而牺牲长远利益。现在，国务院出台文件加强城市规划建设管理工作，对违反规划的行为严肃追责，就是要从制度上杜绝"一个将军一道令，一届政府一张图"的怪现象。

规划是受法律保护的，我国现行的《中华人民共和国城乡规划法》自 2008 年起就已经开始实施了。说到底，要想改变以往在城市规划上的种种弊端，真正做到一张蓝图绘到底，需要做好"顶层设计"。城市规划应依法制订，依法加强规划编制的审批管理，严格执行城乡规划法规定的原则和程序，认真落实城市总体规划由本级政府编制、社会公众参与、同级人大常委会审议、上级政府审批的有关规定。同时，经依法批准的城市规划，必须严格执行。规划具有强制性，凡是违反规划的行为都要严肃追究相关责任人的责任；城市总体规划的修改，也必须经原审批机关同意，并报同级人大常委会审议通过，从制度上防止随意修改规划的现象。

城市规划底线是确保社会稳定，最高层级则是保证各方利益诉求。城市规划要保持连续性，不能政府一换届、规划就换届。编制空间规划和城市规划要多听取群众意见、尊重专家意见，形成后要通过立法形式确定下来，使之具有法律权威性。① 在城镇化规划中赋予各方权利主体平等的法律地位和充分的表达渠道，通过科学民主决策程序促进多元利益协调和平衡。因此，需要靠法治保障一张蓝图绘到底。

积极推动城镇化规划立法。城镇化规划应该是以发展的眼光、科学的构思、合理的布局、正确的决策为前提的地方立法行为。将城镇化规划以法律的形式确定下来，是保障城镇规划、布局和行政区划稳定性和严肃性的重要前提，是实现资源高效合理配置的基本依据，是走以人为本、可持续发展之路的坚实基础。规划一旦形成并通过，应该立即赋予其法律地位，任何人、任何组织不得随意改变。

---

① 参见《习近平在中央城镇化工作会议上发表重要讲话》，新华网，2013 年 12 月 14 日。

用法律守住资源生态红线。新型城镇化应该以资源节约和环境保护为基本条件。长期以来，为了发展经济，各地政府大多缺乏生态保护、环境质量、资源利用底线意识，以牺牲环境换取城镇化发展。因此，必须逐步实行最严格的源头保护、损害赔偿和责任追究制度，坚决以法治手段、刚性约束守护好青山绿水，守住生态保护红线，让居民在享受新型城镇化成果的同时，依然能够"望得见山、看得见水、记得住乡愁"。

确立"四力合一"的治理格局。新型城镇化应以法律形式确立合理完善的城镇化治理格局，明确政府、企业和公众的关系与作用。城镇化规划要遵循公开透明的原则，政府在考虑本地产业发展需要的同时，应充分尊重企业和公众的意见，同时听取各领域专家的建议，对城镇化规划及调整实行公示、听证等制度，让公众对规划拥有充分的知情权、参与权和监督权。在规划实施过程中，应在守住资源生态红线的前提下，充分发挥市场的资源配置作用，最终实现新型城镇化政府主导力、企业主体力、市场配置力、社会协同力"四力合一"的治理格局。

积极推进"多规协调"。地方政府应积极推动经济社会发展规划、土地利用规划、城乡发展规划、生态环境保护规划等"多规协调"，理顺部门关系，让地方经济与社会发展规划、城市总体规划和土地利用规划在一个共同的规划平台上进行。确保城市近期建设规划与城市总体规划有机衔接，实现时序一致。强化城市专项规划与城市总体规划的有机衔接，实现目标一致。贯彻详细规划与城市总体规划的有机衔接，实现统计指标上的一致。各种规划相互衔接，互为配套，形成城镇化建设的规划体系。

建立领导干部环保责任追究和自然资源离任审计制度。在城镇化规划和建设过程中，应依法建立环保责任追究制度，对不顾生态环境盲目决策，造成严重后果的领导干部，实施终身追责，引导各级领导干部树立正确的政绩观。同时加强环境保护法律知识培训，提高各级领导干部生态环境保护责任意识。建立城镇自然资产负债表，明确地方领导的生态环境保护责任、耕地保护和国土征用责任、矿产资源开发责任、自然资源有偿使用制度执行责任等。将城市规划实施情况纳入地方党政领导干部考核和离任审计，是新型城镇化建设不可或缺的一道高压线。

第九章

建设绿色家园，坚持推动
构建人类命运共同体

　　人类共有一个地球，建设绿色家园是全球共同的梦想。习近平总书记始终立足于中国立场、世界眼光、人类胸怀，推动人类命运共同体建设，明确指出"建设生态文明关乎人类未来，国际社会应该携手同行，共谋全球生态文明建设之路"①，"从全球视野加快推进生态文明建设，把绿色发展转化为新的综合国力和国际竞争新优势"②。中国在致力于国内生态文明建设的同时，以负责任大国的形象维护全球生态安全，用先进的理念和积极的行动诠释全球可持续发展观，逐渐成为全球生态文明建设的重要参与者、贡献者、引领者，这是以习近平同志为核心的党中央推进生态文明建设、践行绿色发展理念、提升现代化治理能力在国际领域的充分展现。

---

　　① 习近平：《携手构建合作共赢新伙伴，同心打造人类命运共同体》，载《习近平谈治国理政》第 2 卷，外文出版社 2017 年版，第 525 页。
　　② 中共中央宣传部编：《习近平总书记系列重要讲话读本》（2016 年版），人民出版社 2016 年版，第 239 页。

一 形成你中有我、我中有你的命运共同体

随着世界多极化、经济全球化、文化多样化、社会信息化的深入发展，世界各国被紧密地联系在一起。习近平总书记在就任国家主席之初就以高屋建瓴的眼光指出"牢固树立命运共同体意识"①，强调共同发展是持续发展的重要基础，符合各国人民长远利益和根本利益，并认为当今世界人类生活在不同的文化、种族、肤色、宗教和社会制度所组成的世界里，形成你中有我、我中有你的命运共同体②。构建人类命运共同体倡议一经提出，就受到国际社会欢迎，于 2017 年 2 月 10 日首次被写入联合国"非洲发展新伙伴关系的社会层面"决议中，成为国际共识③。在"命运共同体"理念的指引下，中国开创全方位外交布局，积极促进全球治理体系变革，始终做世界和平的建设者、全球发展的贡献者、国际秩序的维护者。

党的十八大报告在处理国际关系的问题上明确指出"倡导人类命运共同体意识"，深化了互利共赢的外交方

---

① 习近平：《共同创造亚洲和世界的美好未来》（2013 年 4 月 7 日），载《习近平谈治国理政》，外文出版社 2014 年版，第 330 页。

② 参见习近平《在联合国教科文组织总部的演讲》，2014 年 3 月 27 日，新华社。

③ 参见《联合国决议首次写入"构建人类命运共同体"理念》，2017 年 2 月 11 日，新华社。

略。党的十九大报告将"构建人类命运共同体"作为新时代中国特色社会主义思想和基本方略,确立"构建人类命运共同体,建设持久和平、普遍安全、共同繁荣、开放包容、清洁美丽的世界"的总体目标,并指出"必须统筹国内国际两个大局,始终不渝走和平发展道路、奉行互利共赢的开放战略,坚持正确义利观,树立共同、综合、合作、可持续的新安全观,谋求开放创新、包容互惠的发展前景,促进和而不同、兼收并蓄的文明交流,构筑尊崇自然、绿色发展的生态体系",从伙伴关系、安全格局、发展前景、文明交流、生态体系五个方面全面阐述了打造人类命运共同体的总路径。

　　"命运共同体"是一种超越民族国家和意识形态的国际观①,中国基于普遍联系的辩证哲学观,将世界视为国与国相互联系构成的整体。各国休戚相关,生死与共,应着眼于全人类的利益,坚持共商全球性议题、实现共同繁荣的统一性,又尊重各国不同文化背景、不同发展道路等差异性,求同存异,构建公正合理的国际新秩序。"命运共同体"也是一种互利共赢的发展观,源于中国"和而不同"的传统思想,既主张国家之间放弃零和博弈思维,追求睦邻友好、走向合作共赢,又强调有所作为、"兼济天下",共同应对挑战、共享发展机遇,创造和平安稳的国际环境,构建以"合作共赢"为核心的"新型国际关系"。"命运共同体"包含五大支柱:政治上要建立平等互

---

　　① 参见国纪平《为世界许诺一个更好的未来——论迈向人类命运共同体》,《人民日报》2015年5月18日第1版。

待、互商互谅的伙伴关系；安全上要营造公道正义、共建共享的安全格局；经济上要谋求开放创新、包容互惠的发展前景；文化上要促进和而不同、兼收并蓄的文明交流；环境上要构筑尊崇自然、绿色发展的生态体系①。

工业文明导向下的粗放型经济发展方式难以为继，无论是发达的工业化国家，还是尚未完成工业化的发展中国家，都意识到需要摒弃传统的发展思路。中国的生态文明建设恰恰提供了系统的理论、方法和政策经验，是整个人类社会关于人与自然、社会与自然和谐发展的世界观、价值观和方法论问题，将引起价值认知、生产方式、消费方式，以及与之适应的体制机制的变革，正是世界的需求维系着"全球人类命运共同体"的生态文明建设中国方案。中国以"打造命运共同体"为宗旨，积极发展全球伙伴关系，扩大同各国的利益交汇点，推动建立共商共建共享的全球治理体系。命运共同体理论最先在亚洲区域合作中得以实践，"中国—东盟命运共同体"的倡议为东南亚与中国的联系提供了支撑；建立"周边命运共同体"，按照亲诚惠容理念和与邻为善、以邻为伴周边外交方针深化同周边国家关系；"迈向命运共同体，开创亚洲新未来"的主张为促进亚洲区域合作、共建绿色家园描绘了理想蓝图。中国将继续通过积极推进"一带一路"国际合作、应对气候变化等实际行动，向世界发出"绿色发展"的邀请，同世界各国共享机遇、共谋发展。

---

①　转引自国家行政学院经济学教研部编著《中国经济新方位》，人民出版社 2017 年版，第 281 页。

二　在"一带一路"建设中融入绿色发展理念

　　"一带一路"倡议是打造"人类命运共同体"的现实写照,是基于中国转变发展方式、厚植发展优势、深化国际合作、拓宽发展空间、顺应经济全球化和世界科技革命新趋势的现实背景而提出的,反映了互利共赢的本质要求,掀开了中国与欧亚非国家互通互利的新篇章,不仅涉及政策、贸易、文化、资金的互联互通,更融入生态文明建设,赋予"一带一路"新的内涵,使中国与沿线国家分享"绿色发展"理念,让广大发展中国家搭上中国生态文明建设的便车。

　　将"绿色发展"融入沿线经济、文化和社会建设,是"一带一路"倡议的一大亮点。2015年3月28日,国家发展改革委、外交部、商务部联合发布了《推动共建丝绸之路经济带和21世纪海上丝绸之路的愿景与行动》明晰了"一带一路"的总体框架和具体任务,明确将绿色发展融入沿线各个建设领域:在投资贸易中要突出生态文明理念,加强生态环境、生物多样性和应对气候变化合作,共建绿色丝绸之路;在基础设施建设中要强化绿色低碳化建设和运营管理,在建设中充分考虑气候变化影响;在能源开发领域要推动水电、核电、风电、太阳能等清洁、可再生能源合作;在产业合作领域要加强技术、生物、新能源、新材料等新兴产业领域的深入合作;在促进沿线国家当地建设中要严格保护生物多样性和生态环境;在民间交流中要加强沿线国家民间组织的交流合作，广泛开展生物多样性和生态环保等各类公益慈善活动。

在推进"一带一路"建设工作座谈会上，习近平总书记强调要聚焦携手打造绿色丝绸之路、健康丝绸之路、智力丝绸之路、和平丝绸之路，让"一带一路"建设造福沿线各国人民。

绿色"一带一路"以政策沟通、交通设施联通、贸易畅通、资金融通和民心相通为主要内容，以包容性发展为本质特征，以可持续发展为根本目标，旨在发挥国际联通渠道的合作交流作用，加强生态保护对"一带一路"建设的服务和支撑，促进沿线国家转变发展方式，共同创造新发展机遇，其生态内涵主要体现在三个方面。

一是传播生态文明理念，弘扬人与自然和谐共生的生态价值观。西汉开始建立的丝绸之路自古便是东西方经济贸易文化交流的通道，"一带一路"的建立继承了对外交流、睦邻友好的传统价值观，践行相互尊重、合作共赢的义利观，在当代更注重生态文明理念的传播，倡导人与自然和谐共生。实现可持续发展是世界各国共同的目标，中国通过"一带一路"向沿线国家传播生态文明理念，有助于促使各国在合作中达成生态环保共识，建立起经济与环境相协调的发展方式。

二是推行生态经济形式，缓解经济发展与生态环境的双重压力。国际产能合作要有基本的绿色门槛，通过推行生态经济来确保发展与保护的协调性。以"低能耗、低污染、高效率"为特征的生态经济要求建立绿色产业体系，促进国内产业优化升级，使国内的绿色产能走出去，带动沿线国家实现绿色化生产方式；要求明晰对外投资和项目建设中的绿色环境标准，规范环境影响评价制度，防范和化解环境风险；要求依托丝路基金和亚投行实行绿色信贷，为环保技术研发、新能源开发利用、新兴产业培育、绿色化公共产品和服务建设提供金融支持。

三是加强生态环境治理，确保资源能源安全和生态系统稳定。"丝绸之路经济带"沿线国家多为大陆性气候和高山气候，气候干燥、降水量少，地形多为高原和沙漠，人口压力大，生态环境较为脆弱；"21世纪海上丝绸之路"途经多个航运枢纽和能源运输通道，面临着海洋生态威胁。沿线国家可借鉴中国的环保经验，加强节能减排技术、环境治污技术、资源开发利用技术的共同研发和交流，减轻经济活动对生态环境的破坏，从源头上控制陆源污染物入海排放；携手共建生态安全屏障，开展跨境生态环境治理工程，维护生态系统功能的稳定。

在"一带一路"建设中秉持绿色思维，对国内外发展都具有重要的现实意义：

实施绿色"一带一路"倡议是统筹国内国外两个发展大局的要求，旨在将绿色发展转化为新的综合国力和国际竞争优势。"一带一路"将亚太经济圈和欧洲经济圈相连接，形成空间开发、区域合作的大格局，促进沿线国家人力、财力、物力的流通和配置，为区域发展增添了活力，绿色"一带一路"所遵循的可持续发展模式满足了亚欧国家普遍面临的转型升级发展需求。建设绿色家园是人类的共同梦想。我们要着力推进国土绿化、建设美丽中国，还要通过'一带一路'建设等多边合作机制，互助合作开展造林绿化，共同改善环境，积极应对气候变化等全球性生态挑战，为维护全球生态安全作出应有贡献。中国将绿色发展理念全方位贯彻到"一带一路"倡议中，引领沿线国家走向共同繁荣①，既是转变发展方式、深化改革、增强国际竞争力的需求，也是广泛参与国际合作、树立负责任大国形象的体现，顺应了和平、开放、包容、合作、共赢的时代潮流。

实施绿色"一带一路"倡议有助于拓宽发展空间、创造发展机遇，实现互利共赢。地缘政治学"生存空间论"认为国家如同有机体，一国的兴盛需要有满足其生存和发展的空间支撑。当前我国经济增长正处于从高速向中高速转变的换挡期，产能过剩问题明显、能源资源约束趋紧、节能减排任务紧迫，限制了经济发展的空间。绿色"一带一路"推动钢铁、建材、铁路和电力等产业整合升级，向需要该类产品和技术的国家转移，将有效地化解国内产能过剩问题。携手沿线国家共同应对生态环境风险，通过绿色经济、绿色技术的转移和合作，拓宽国内发展空间，创造投资机遇和发展红利，促进区域要素流通、产业结构升级和生态环境治理，实现互利共赢。

实施绿色"一带一路"倡议是凝聚民心、维持互惠互通的根本保障。"一带一路"倡导的互联互通过程，也是中国和沿线国家寻求共识的过程。维持"一带一路"长久的互惠互通，需要综合考虑各国共同的经济、社会和生态

---

① 参见周亚敏《经济效益与生态效益并重的合作模式——"一带一路"是绿色发展之路》，《人民日报》2015 年 8 月 25 日第 7 版。

利益，在产业布局、能源开发、基础设施建设和土地规划等重大项目实施中充分衡量生态环境影响，制定环境风险应对措施，改善沿线各国的生产面貌、全面提高居民生活水平。例如在基础设施建设中明确节水、节地、节材、环保的标准，在资源开发利用中强调资源价值、明晰资源产权，在资金融通中以绿色金融支撑节能环保项目的推行，将绿色理念渗透"一带一路"建设的方方面面，使"一带一路"成为以基础设施建设为载体、以可持续发展为准则的区域合作发展模式。

以绿色"一带一路"为纽带，中国将引领沿线国家进行战略对接、实现优势互补，探寻生态效益和经济效益并重的可持续发展路径，通过发挥各国的比较优势来释放合作发展的潜力，让"一带一路"建设造福沿线各国人民。

三 引导应对气候变化国际合作，维护全球生态安全

气候变化是当今压倒一切的全球性环境问题，也是环境管理者面临的最大的挑战，应对气候变化需要国际社会携手构建全球气候治理机制，化解矛盾，共同致力于全球可持续发展。中国作为最大的发展中国家，世界最大的能源消费国、生产国和净进口国[1]和最大的碳排放国[2]，在全

---

① 《BP世界能源统计年鉴》，2016年6月。
② 解振华：《推动绿色低碳发展参与全球气候治理》，《中国科技产业》2016年第4期。

球气候治理中起着举足轻重的作用，引导全球应对气候变化国际合作，充分展现了大国担当。

气候变化问题的实质是发展问题，事关生态环境利益、经济利益和政治利益，其背后蕴含着公平正义的价值观，且有着深刻的学理依据。

首先，应对气候变化涉及全球道义。"气候变化"指除在类似时期内所观测到的气候自然变异外，由于直接或间接的人类活动改变了地球大气的组成而造成的气候变化。气候变化问题核心是全球变暖问题，将引起自然环境或生物区系变化，由此对生态系统的组成、复原力或生产力、社会经济系统的运作、人类的健康和福利产生重大的有害影响，由于其带来的不利影响具有复杂性、不可逆的特征，需要各国共同承担治理责任，为当代人和后代人维护良好的生存空间。

其次，气候变化谈判是争夺发展空间的国际政治博弈。当前在以化石燃料为主的能源消费结构和有限的技术条件下，经济活动难免会涉及碳排放，而且减排要求资金和技术等支持，在短期内加重了发展成本，尤其对于尚未实现工业化的发展中国家，同时实现经济发展和减排任务艰巨，因此各国对碳排放空间的争夺意味着对发展空间的争夺，应当充分考虑公平和责任问题，量力而行。

再次，应对气候变化为各国提供了发展机遇。全球气候治理的紧迫性要求决不能重蹈先污染后治理的覆辙，碳税、碳排放交易权等碳排放控制手段增加了生产成本从而影响一国企业的竞争力：在国际竞争中，谁能掌握减碳清洁技术、采用绿色循环低碳的经济形式，意味着谁将占据世界经济制高点。执行减排的过程有利于倒逼粗放型的发展模式向可持续发展模式转型，依靠技术创新开发新经济增长点、开辟新市场，实现经济和环境的双赢。

最后，应对气候变化需要各国共同承担减排责任、实施全球治理。习近平主席强调，气候变化是全球性挑战，任何一国都无法置身事外，指明了气候治理的全球性和必要性。据联合国政府间气候变化专门委员会（IPCC）评估，人类活动引起的大气温室气体浓度增加是导致全球变暖的主要因素，所以应对气候变化的核心措施是减少二氧化碳排放。然而，减排是世界上最大的公共产品，具有非排他性和非竞争性的属性，制度约束的缺乏必然导致各国"搭便车"，不愿主动承担减排责任，温室气体的无度排放引起气候变化的不利影响也必然应由世界各国一起埋单。气候变化严重威胁着各国的发展空间，气候变化问题的复杂性、全球性以及减排的公共产品属性，决定了国际社会理应建立全球治理机制来保证减排任务的执行，共同应对气候变化风险。全球治理委员会将"治理"定义为个人或团体处理其共同事务的诸多方式的总和，是一种调和相互冲突或不同利益，并采取联合行动的持续过程[①]。因此，全球气候治理体现为集合各国力量，协调各国利益，以减少温室气体排放为核心任务，就减排时间、标准、资金、技术和监管等问题达成共识，形成有约束力的协议并付诸行动，逐渐减缓和适应气候变化。

———————

① 参见蔡拓《全球治理的中国视角与实践》，《中国社会科学》2004 年第 1 期。

虽然美国总统特朗普宣布退出《巴黎协定》的决定给全球应对气候变化造成了一定障碍，但应对气候变化仍然是全球的广泛共识和强烈的政治意愿。对此，中国政府表示，无论别的国家气候政策怎么变化，中国作为一个负责任大国，应对气候变化的决心、目标和政策行动不会改变，中方愿与有关各方共同努力，共同维护应对全球气候变化的《巴黎协定》成果。中国不仅将应对气候变化作为应尽的国际义务，在气候变化谈判和气候治理行动中展现出诚意、决心和中国智慧，还以国内生态文明建设和绿色转型之路为全球气候治理提供了中国经验，实现了国家发展利益与全人类利益的统一，在国际舞台作出了为世人称道的贡献。具体表现在五个方面。

贡献中国智慧，促进包容发展。坚持正确义利观，寻求各方利益的"最大公约数"，促成气候治理国际合作。习近平总书记提出树立合作共赢的全球气候治理观，倡导"各尽所能、合作共赢""奉行法治、公平正义""包容互鉴、共同发展"①的全球治理理念，允许各国寻找最适合本国国情的应对之策②，这与传统文化中"和而不同""大河有水小河满，小河有水大河满"的思想一脉相承。习近平总书记强调气候治理不是"零和博弈"，应对气候变化是人类共同的事业，发达国家主动承担减排义务，发

---

① 习近平：《携手构建合作共赢、公平合理的气候变化治理机制》，人民出版社 2015 年版，第 4—5 页。

② 参见刘振民《全球气候治理中的中国贡献》，《求是》2016 年第 7 期。

展中国家也要避免重走工业文明高碳发展的老路。巴黎会议召开前夕，中国与多国举行谈判并发布联合声明，气候谈判中的法律约束力、资金、力度等焦点分歧在联合声明中都有描述，为巴黎气候大会的成功召开提供了政治基础①。会上习近平主席阐述了国际协议成功的标准在于既能解决当下矛盾更要引领未来。基于这一论断习近平主席指出《巴黎协定》应着眼于强化 2020 年后全球应对气候变化行动，也要为推动全球更好地实现可持续发展注入动力。具体来说，《巴黎协定》应该有利于实现公约目标，引领绿色发展；有利于凝聚全球力量，鼓励广泛参与；有利于加大资源投入，强化行动保障；有利于照顾各国国情，讲求务实有效。四项建议从遵循公约原则的基本条件、制度安排、资金技术支持和坚持共同但有区别的责任等方面为解决《巴黎协定》涉及的现实难题提供了指导。

表明中国态度，履行减排承诺。习近平主席指出"法国作家雨果说：'最大的决心会产生最高的智慧'"②，气候变化谈判中各方应当展现诚意、坚定信心、齐心协力。中国一直本着负责任的态度积极应对气候变化，愿意继续承担同自身国情、发展阶段、实际能力相符的国际责任。③中国主动承担减排责任，在《强化应对气候变化行动——

① 庄贵阳、周伟铎：《全球气候治理模式转变及中国的贡献》，《当代世界》2016 年第 1 期。

② 习近平：《携手构建合作共赢、公平合理的气候变化治理机制》，人民出版社 2015 年版，第 2 页。

③ 参见《习近平出席联合国气候变化问题领导人工作午餐会》，《人民日报》2015 年 9 月 29 日第 1 版。

中国国家自主贡献》中提出将于 2030 年前后使二氧化碳排放达到峰值并争取尽早实现，单位国内生产总值二氧化碳排放比 2005 年下降 60%—65%，非化石能源占一次能源消费比重达 20% 左右，并在《巴黎协定》高级别签署仪式上表示从 2016—2030 年将投入 30 万亿元人民币以实现应对气候变化的《强化应对气候变化行动——中国国家自主贡献》方案目标。习近平主席强调："未来，中国将进一步加大控制温室气体排放力度，争取到 2020 年实现碳强度降低 40%—45% 的目标。"[①] 杭州 G20 峰会前夕，中国率先履行承诺批准《巴黎协定》，有力地推动了该协定的生效。

落实中国举措，帮助发展中国家减排。习近平主席指出："发达国家和发展中国家对造成气候变化的历史责任不同，发展需求和能力也存在差异。就像一场赛车一样，有的车已经跑了很远，有的车刚刚出发，这个时候用统一尺度来限制车速是不适当的，也是不公平的。发达国家在应对气候变化方面多作表率，符合《联合国气候变化框架公约》所确立的共同但有区别的责任、公平、各自能力等重要原则，也是广大发展中国家的共同心愿。"[②] 坚持共同但有区别的责任，始终是中国推动全球气候治理的立足点，同时，"中国责无旁贷，将继续作出自己的贡献。同

---

① 《习近平出席联合国气候变化问题领导人工作午餐会》，《人民日报》2015 年 9 月 29 日第 1 版。

② 《共同开启中英全面战略伙伴关系的"黄金时代" 为中欧关系全面推进注入新动力》，《人民日报》2015 年 10 月 19 日第 1 版。

时，我们敦促发达国家承担历史性责任，兑现减排承诺，并帮助发展中国家减缓和适应气候变化"①。中国不仅在气候变化大会中坚定捍卫发展中国家的基本发展权，还从绿色技术转移、资金扶持、教育等方面为发展中国家提供切实帮助。在联合国可持续发展峰会上，习近平主席倡议各国加强合作，共同落实联合国《2030 年可持续发展议程》，努力实现合作共赢，并宣布对发展中国家提供切实帮助，包括设立"南南合作援助基金"，继续增加对最不发达国家投资，免除对有关最不发达国家、内陆发展中国家、小岛屿发展中国家截至 2015 年年底到期未还的政府间无息贷款债务，设立国际发展知识中心，探讨构建全球能源互联网来推动以清洁和绿色方式满足全球电力需求。

展现中国担当，搭建国际合作平台。中国在国际气候大会上展开斡旋，促进协议生成，反映发展中国家的利益诉求，帮助发展中国家平衡减排和发展间的压力。同时还将余力发挥在国际气候大会之外，充分把握国际交流合作机会，依靠政府间组织或民间组织等力量，搭建新平台、形成新机制。如，以天津 APEC 绿色发展高层圆桌会为平台，发起实施全球绿色供应链、价值链合作倡议，带动产业升级、发展方式向绿色化转型，为全球绿色产业体系的构建提供了思路。第二届中美气候智慧

---

① 习近平：《携手构建合作共赢新伙伴，同心打造人类命运共同体》，载《习近平谈治国理政》（第二卷），外文出版社 2017 年版，第 525 页。

型/低碳城市峰会上，中美省州、城市及研究机构和企业的代表们围绕碳市场、城市达峰等 17 个主题展开了深入交流和探讨，就低碳城市政策研究和能力建设、低碳技术创新应用等领域签署合作协议①；同时习近平主席在第三届中美省长论坛上提出"环保方面中国有需要、有市场，美国有技术、有经验，两国地方环保领域交流合作理应成为中美合力应对气候变化、推进可持续发展的一个重要方面"，鼓励发挥地方的力量，推动两国开展交流合作，落实减排行动。

　　提供中国经验，推动生态文明建设。习近平主席在多个国际场合中表明中国将应对气候变化作为生态文明建设的重要部分来推动，并将绿色发展的先进理念向国际推广："将应对气候变化作为实现发展方式转变的重大机遇，积极探索符合中国国情的低碳发展道路。中国政府已经将应对气候变化全面融入国家经济社会发展的总战略"②，中国将更加注重绿色发展，把生态文明建设融入经济社会发展各方面和全过程，致力于实现可持续发展，全面提高适应气候变化能力。党的十八大报告将生态文明建设上升到国家战略高度，并明确提出单位国内生产总值能源消耗和二氧化碳排放大幅下降，主要污染物排放总量显著减少的目标，倡导"同国际社会一道积极应对全球气候变化"。

---

① 参见《第二届中美气候智慧型/低碳城市峰会闭幕》，2016 年 6 月 9 日，新华社。

② 《习近平出席联合国气候变化问题领导人工作午餐会》，《人民日报》2015 年 9 月 29 日第 1 版。

党的十九大报告进一步指出"积极参与全球环境治理，落实减排承诺"，"合作应对气候变化，保护好人类赖以生存的地球家园"。

四 共建全球治理新秩序，深化全球可持续发展

实现可持续发展是人类社会的共同目标。从 1987 年世界环境与发展委员会第一次提出"可持续发展"的概念，到《21 世纪议程》、千年发展目标、《2030 年可持续发展议程》一系列可持续发展行动计划的确立，全球可持续发展的脚步不断向前，对各国的发展战略和发展空间产生了深远影响。中国在顺应国际可持续发展的潮流中，不断深化对可持续发展的认知，结合具体国情探索正确的发展思路，对内推动经济转型，加强生态文明建设，用积极行动落实 2030 年可持续发展目标；对外构建对话机制，促进合作交流，由最初的参与者变为全球治理的引领者和推动者，实现了推动全球可持续发展进程与落实中国生态文明建设的融合并进。

1992 年里约联合国环境与发展大会通过《21 世纪议程》，成为第一份可持续发展的全球性行动计划，由于设立的目标覆盖面广、关联性差、缺乏量化且没有考虑各国国情，导致执行不力。中国据此制定了《中国 21 世纪议程》，作为我国实施可持续发展战略的行动纲领，开启了可持续发展战略的初步探索。

2000 年联合国千年首脑会议发布《千年宣言》，次年

提出八项具体的千年发展目标（MDGs），集中全球力量来解决减贫等关键问题，各个目标得以量化并规定 2015 年作为截止时间，实践性较强。MDGs 收官之年，据 2015 年《千年发展目标报告》显示，联合国千年目标中国执行效果最好，对全球的贡献最大，目前已经基本完成千年发展目标，在减贫、卫生、教育等多个领域取得了举世瞩目的成就，主要包括从 1990—2015 年，将人均收入不足 1.25 美元的人口比例减半，确保所有儿童完成初等教育课程，五岁以下儿童死亡率降低了三分之二，孕产妇死亡率降低了四分之三，将无法持续获得安全饮用水及基本卫生设施的人口比例降低了一半，等等。

2015 年联合国可持续发展峰会通过的《2030 年可持续发展议程》进一步强调环境与经济、社会共同作为可持续发展的支柱地位，同时也纳入执行手段和内容，注重各领域、各目标的关联性和统一性，采用全球性的指标配合以会员国拟定的区域或国家指标来进行衡量和监测，更具普适性和可操作性，引领世界在今后 15 年的发展中实现消除极端贫困、战胜不平等和不公正及遏制气候变化的目标。该议程提出的"5P"（即 People，Planet，Prosperity，Peace，Partnership）愿景体现了以人为中心、保护地球、发展经济、社会和谐和合作共赢的一体化思想，其"绝不让任何一个人掉队""共同但有区别的责任"的意旨为发展中国家深入参与全球可持续发展治理提供了机遇。中国率先公布了《落实 2030 年可持续发展议程中方立场文件》，确立了"协调推进经济、社会、环境三大领域发展，实现人与社会、人与自然和谐相处"的原则，并在消除贫困和饥饿、加大环境治理力度、推进自然生态系统保护与修复、全力应对气候变化和有效利用能源资源等重点领域作出安排。2016 年是"十三五"规划的开局之年,"十三五"规划纲要从国内、国外两个方面对中国落实可持续发展议程的工作作出战略部署,使落实可持续发展目标与国家中长期发展规划有机结合。中国抓住《2030 年可持续发展议程》提供的机遇,积极参与国际事务、传播生态文明理念,为推动全球可持续发展作出更大的贡献。

尽管中国在可持续发展进程中取得一定阶段性成效,然而发展中仍存在不协调的问题,尤其是当前处于经济增速换挡期,资源约束趋紧、民生建设有待提升,三者相互掣肘,需要寻求新动力、新模式来突破发展瓶颈。在此条件下,习近平总书记作出"发展仍是解决我国所有问题的关键"的判断,提出新时期发展必须是遵循经济规律的科学发展,必须是遵循自然规律的可持续发展,必须是遵循社会规律的包容性发展①,与国际社会倡导的可持续发展高度契合,为我国处理经济、环境和社会利益的矛盾树立起正确的发展思路。

针对我国过去粗放型、外延式增长方式带来的诸多弊病,习近平总书记一方面明确指出发展是党执政兴国的第一要务,坚持以经济建设为中心,协调推进政治建设、文

---

① 参见《中共中央政治局召开会议决定召开十八届四中全会 讨论当前经济形势和下半年经济工作 中共中央总书记习近平主持会议》,2014 年 7 月 29 日,新华社。

化建设、社会建设、生态文明建设以及其他各方面建设[1]，强调发展是硬道理，把经济建设搞上去是实现"两个一百年"奋斗目标的重要基础，也是国家繁荣、社会稳定、人民幸福的重要基础；另一方面强调发展必须是尊重经济规律的科学发展，科学发展的实质就是要保持发展的平衡性、协调性和可持续性，指明经济发展的出路在于把立足点放在提高经济质量和效益上，底线在于不以牺牲环境为代价。

针对全球性的生态环境危机，习近平总书记指出："国际社会应该携手同行，共谋全球生态文明建设之路，牢固树立尊重自然、顺应自然、保护自然的意识，坚持走绿色、低碳、循环、可持续发展之路"[2]，使绿色、循环、低碳发展作为转变发展方式、破解生态环境难题的有效途径。

针对发展中的民生问题，习近平总书记指出民生改善是经济发展的根本目的和价值所在，"人民对美好生活的向往，就是我们的奋斗目标"[3]，要坚持以人为本推动全面协调可持续发展，并作出统筹稳增长、调结构、促改革、惠民生的部署。

---

① 参见习近平《扎实把"十三五"发展蓝图变为现实》，2016 年 1 月 30 日，新华社。

② 《习近平在联合国成立 70 周年系列峰会上的讲话》，人民出版社 2015 年版，第 18 页。

③ 习近平：《人民对美好生活的向往，就是我们的奋斗目标》，《十八大以来重要文献选编》（上），中央文献出版社 2014 年版，第70 页。

这些发展理念不仅成为中国经济社会发展的指南，也将作为"中国方案"充实全球可持续发展理论体系，以中国的实际行动有力地推动全球可持续发展进程。中国广泛参与全球治理、肩负构建人类命运共同体的国际责任与担当，一方面表现为集合国际力量，大刀阔斧地在气候变化、绿化国土等领域搭建国际对话机制、推动国际合作；另一方面表现为逐渐以领导者的姿态引领全球治理。

一是加强南南合作，重塑全球治理新秩序。

南南合作是全球合作的重要组成部分，也是发展中国家自力更生、谋求共同发展的重要平台。中国加强南南合作，坚定发展中国家的基本立场，使广大发展中国家成为全球治理格局中的重要力量，对建设全球治理的制度性话语权，重塑包含公平正义、共同发展的全球治理新秩序至关重要。

以往南南合作的突出主题是减贫，促进相互间的经贸往来。习近平主席在纽约联合国总部出席并主持南南合作圆桌会时，对新时期南南合作提出了四条建议：探索多元发展道路、促进各国发展战略对接、实现务实发展成效、完善全球发展架构，其中"扩大同发达国家沟通交流，构建多元伙伴关系，打造各方利益共同体"，指明了南南合作推动全球治理格局多极化的路径。

近年来，中国从资金、技术和项目等方面对发展中国家的减排和发展提供了大力支持。联合国可持续发展峰会上，习近平主席宣布：支持发展中国家特别是最不发达国家、内陆发展中国家、小岛屿发展中国家应对气候变化挑战，2015 年 9 月设立 200 亿元人民币的中国气候变化南南合作基金，于 2016 年启动，在发展中国家开展 10 个低碳示范区、100 个减缓和适应气候变化项目及 1000 个应对气候变化培训名额的合作项目，继续推进清洁能源、防灾减灾、生态保护、气候适应型农业、低碳智慧型城市建设等领域的国际合作，并帮助他们提高融资能力。多边资金机制是推动应对气候变化进程的主要渠道，"南南合作基金"是中国自主创立且与发展中国家进行应对气候变化合作的资金机制，将与绿色气候基金等协调配合，帮助发展中国家提高应对气候变化的能力。

二是召开 G20 杭州峰会，开启全球可持续发展新时代。

G20 杭州峰会上中国作为东道主，推动各方共同落实《2030 年可持续发展议程》《亚的斯亚贝巴行动议程》《巴黎协定》，就气候变化、清洁能源和绿色金融等重大问题进行讨论。习近平主席指出："面对当前挑战，我们应该落实 2030 年可持续发展议程，促进包容性发展。……我们把发展置于二十国集团议程的突出位置，共同承诺积极落实 2030 年可持续发展议程，并制订了行动计划。同时，我们还将通过支持非洲和最不发达国家工业化、提高能源可及性、提高能效、加强清洁能源和可再生能源利用、发展普惠金融、鼓励青年创业等方式，减少全球发展不平等和不平衡，使各国人民共享世界经济增长成果。"① 中国借

---

① 习近平：《构建创新、活力、联动、包容的世界经济》，《习近平谈治国理政》（第二卷），外文出版社 2017 年版，第 473 页。

助 G20 平台发挥在全球可持续治理体系中的领导力,充分展现中国引领世界走向包容联动发展的责任担当,将开创全球经济增长和可持续发展的新时代,具体表现在以下几方面。

将应对气候变化作为优先工作,号召成员国签署并落实《巴黎协定》。G20 峰会前,中美各自批准了《巴黎协定》,并在杭州向联合国秘书长交存了中国和美国气候变化《巴黎协定》批准文书,促进协定在 2016 年内生效。会上 G20 财长和央行行长号召 G20 成员国尽早签署并推动《巴黎协定》早日生效,确认发达国家落实在《联合国气候变化公约》框架下所作的承诺,包括为发展中国家根据协定开展减缓和适应行动提供资金等。同时,G20 强调将《2030 年可持续发展议程》中提出的"采取紧急行动应对气候变化及其影响"作为优先工作,鼓励提供和动员更多资源应对气候变化,鼓励资金流向低温室气体排放和具有气候韧性的发展,号召多边开发银行和发展融资机构将应对气候变化的行动纳入发展战略,并鼓励多边开发银行提交应对气候变化的行动计划。这些举措不仅对推动协定的生效起到表率作用,还为涉及应对气候变化的资金和技术难题提供了解决方案,推动全球气候治理取得实质性进展。

将绿色金融纳入发展议题,推动绿色循环低碳发展。峰会提出为支持在环境可持续前提下的全球发展,须将可持续发展作为投融资的重点领域和专门领域,通过"绿色金融"为改善环境、应对气候变化和资源节约高效利用提供金融服务。在国内政策层面,中国人民银行、财政部等七部委已联合印发了《关于构建绿色金融体系的指导意见》，成为全球首个建立较完整的绿色金融体系的经济体。由中国发起的 G20 绿色金融研究小组向杭州峰会提交了第一份《G20 绿色金融综合报告》和由其倡议的自愿可选措施，有利于增强金融体系动员私人资本开展绿色投资的能力。此外，G20 还提出了提供清晰的战略性政策信号与框架、推动绿色金融的自愿原则、扩大能力建设学习网络、支持本地绿色债券市场发展、开展国际合作以推动跨境绿色债券投资、鼓励并推动在环境与金融风险领域的知识共享、改善对绿色金融活动及其影响的评估方法等促进绿色金融发展举措。正如峰会公报所示，绿色金融为可持续发展提供了一种有效的金融政策工具，也将会成为促进全球绿色低碳循环发展的重要保障和动力。

围绕可持续发展提出具体行动计划，落实《2030 年可持续发展议程》。G20 杭州峰会制订《二十国集团落实2030 年可持续发展议程行动计划》，保证了本次会议发展战略与《2030 年可持续发展议程》相衔接。其中行动计划中提出高级别原则，以求通过其号召力在全球最高层面发起倡议，进而促成集体行动，具体包括落实可持续发展目标和《亚的斯亚贝巴行动议程》，认识到全面、平衡、协调推进可持续发展三大领域（经济、环境、社会）的重要性，实现以人为中心的可持续发展的重要性等。作为根据《2030 年可持续发展议程》制订的为期 15 年的"动态文件"，行动计划涵盖推进可持续农业和农村发展、可持续基础设施投资，能源可及性、清洁能源和能效等可持续发展领域，将根据未来 G20 主席国提出的倡议及新出现的需求、经验和挑战作出更新和调整，为 2030 年可持续发展目标的落实提供了行动指南。

　　传播结构性改革的先进经验，提高环境可持续性。中国经济新常态下推动了以"去产能、去库存、去杠杆"为核心的结构性改革，配合以创新驱动发展战略，对保持经济稳定增长、培育经济发展新动力具有重要作用。本次结构性改革在 G20 杭州峰会中的分享，为引领世界经济复苏、保证环境可持续贡献了"中国方案"。峰会通过了《二十国集团深化结构性改革议程》，为各成员提供高级别指导，同时倡导结构性改革的选择和设计应符合各国经济情况，特别将"提高环境可持续性"确定为结构性改革的九大优先领域之一，把环境因素纳入促进增长的内因，与农业、工业、能源和基础设施等领域的发展相结合，确保经济、社会和环境发展相协调。

第十章

不断谱写新时代社会主义
生态文明建设的新篇章

习近平总书记在党的十九大所作的报告，"人与自然"
这一关系范畴及其所蕴含的科学论断，表述多达四次。报
告在"新时代中国特色社会主义思想和基本方略"之九指
出："坚持人与自然和谐共生"；报告在"加快生态文明体
制改革，建设美丽中国"部分中指出："人与自然是生命
共同体，人类必须尊重自然、顺应自然、保护自然"；"我
们要建设的现代化是人与自然和谐共生的现代化"；"我们
要牢固树立社会主义生态文明观，推动形成人与自然和谐
发展现代化建设新格局，为保护生态环境作出我们这代人
的努力！"

马克思主义认识论是辩证唯物主义的重要组成部分，
是关于人类认识来源、认识能力、认识形式、认识过程和
认识真理性问题的科学认识理论。人与自然的关系是马克
思主义自然辩证法需要解决的首要问题。人与自然是冲突
的还是和谐的，是矛盾的还是共生的，这个问题是人类需
要回答的重要问题，同样是区分马克思主义和其他非马克
思主义的重要衡量标准之一。综观党的十八大以来习近平

生态文明思想的认识论、思维方法，无不贯穿着马克思主义认识论的基本原理、中国共产党一以贯之的解放思想、实事求是的认识法宝。

海纳百川，有容乃大。习近平生态文明思想，以马克思主义人与自然关系学说、马克思主义中国化最新成果所体现的完整性、科学性、包容性和开放性，随着实践的发展而不断发展。只要我们持续、深入地用习近平生态文明思想理论体系和其所蕴含的马克思主义的立场、观点、方法作为新时代生态文明建设的科学指南和根本遵循，就一定能够不断谱写社会主义生态文明建设新时代新篇章，不断开创人与自然和谐的现代化建设新格局。

一　社会主义生态文明建设的理论特质

（一）问题导向与底线思维

习近平总书记指出："中国共产党人干革命、搞建设、抓改革，从来都是为了解决中国的现实问题。可以说，改革是由问题倒逼而产生，又在不断解决问题中得以深化。"①

人类认识世界、改造世界的过程，就是一个发现问题、解决问题的过程。毛泽东同志指出，问题就是事物的矛盾，哪里有没有解决的矛盾，哪里就有问题。实践发展

---

① 习近平：《关于〈中共中央关于全面深化改革若干重大问题的决定〉的说明》（2013 年 11 月 9 日），载《习近平关于全面深化改革论述摘编》，中央文献出版社 2014 年版，第 8 页。

永无止境，矛盾运动永无止境，旧的问题解决了，又会产生新的问题。问题是时代的声音，每个时代总有属于它自己的问题，只有树立强烈的问题意识，才能实事求是地对待问题，才能找到引领时代进步的路标。纵观习近平生态文明思想的全景全貌，无不贯穿着强烈的问题意识、鲜明的问题导向，体现了共产党人求真务实的科学态度，展现了马克思主义者的坚定信仰和责任担当。

"从目前情况看，资源约束趋紧、环境污染严重、生态系统退化的形式依然十分严峻。今年以来，全国大范围长时间的雾霾污染天气，影响几亿人口，人民群众反映强烈。"① 全党同志都"要清醒认识保护生态环境、治理环境污染的紧迫性和艰巨性，清醒认识加强生态文明建设的重要性和必要性，……真正下决心把环境污染治理好、把生态环境建设好，为人民创造良好生产生活环境"②。

坚持问题导向，运用底线思维，划定生态红线。习近平总书记多次强调，要善于运用"底线思维"的方法，凡事从坏处准备，努力争取最好的结果，做到有备无患、遇事不慌，牢牢把握主动权。③

底线思维能力，就是客观地设定最低目标，立足最低

---

① 习近平：《在十八届中央政治局第六次集体学习时的讲话》（2013 年 5 月 24 日），载《习近平关于全面建成小康社会论述摘编》，中央文献出版社 2016 年版，第 164 页。

② 参见《习近平谈治国理政》，外文出版社 2014 年版，第 208 页。

③ 参见《习近平总书记系列重要讲话读本》（2016 年版），人民出版社 2016 年版，第 288 页。

点，争取最大期望值的一种积极的思维能力。当前，一方面，恰如党的十九大报告所指出：生态文明建设成效显著。全党全国贯彻绿色发展理念的自觉性和主动性显著增强，忽视生态环境保护的状况明显改变。生态文明制度体系加快形成，主体功能区制度逐步健全，国家公园体制试点积极推进。全面节约资源有效推进，能源资源消耗强度大幅下降。重大生态保护和修复工程进展顺利，森林覆盖率持续提高。生态环境治理明显加强，环境状况得到改善；另一方面，党的十九大就我国发展新的历史方位提出新的重大战略判断，这即是"经过长期努力，中国特色社会主义进入了新时代"，"这个新时代，是承前启后、继往开来、在新的历史条件下继续夺取中国特色社会主义伟大胜利的时代，是决胜全面建成小康社会、进而全面建设社会主义现代化强国的时代"，是"我国社会主要矛盾已经转化为人民日益增长的美好生活需要和不平衡不充分的发展之间的矛盾"①的时代。我国稳定解决了十几亿人的温饱问题，总体上实现小康，不久将全面建成小康社会，人民美好生活需要日益广泛，不仅对物质文化生活提出了更高要求，而且在民主、法治、公平、正义、安全、环境等方面的要求日益增长。我们要在继续推动发展的基础上，着力解决好发展不平衡不充分问题，大力提升发展质量和效益，更好地满足人民在经济、政治、文化、社会、生态

---

①　习近平：《决胜全面建成小康社会　夺取新时代中国特色社会主义伟大胜利——在中国共产党第十九次全国代表大会上的报告》，人民出版社 2017 年版，第 11 页。

等方面日益增长的需要，更好地推动人的全面发展、社会全面进步。我们必须不断加大工作力度，坚决遏制生态环境恶化趋势，使生态环境逐步改善、不断优化。尤其紧迫和现实的问题，"生态红线的观念一定要牢固树立起来。我们的生态环境问题已经到了很严重的程度，非采取最严厉的措施不可，不然不仅生态环境恶化的总态势很难从根本上得到扭转，而且我们设想的其他生态环境发展目标也难以实现"[①]。在这里，"生态红线"特别彰显和突出了习近平总书记底线思维在生态文明建设中的价值意义。生态红线是底线，是保持应对资源问题、环境问题和生态问题"定力"的前提、底线和基础。

（二）人民立场与改革动力

良好的生态环境是最公平的公共产品，是最普惠的民生福祉。我们党领导人民全面建设小康社会、进行改革开放和社会主义现代化建设的根本目的，就是要通过发展社会生产力，不断提高人民物质文化生活水平，促进人的全面发展。检验我们一切工作的成效，最终都要看人民是否真正得到了实惠，人民生活是否真正得到了改善，这是坚持立党为公、执政为民的本质要求，是党和人民事业不断发展的重要保证。[②]

---

① 习近平：《在十八届中央政治局第六次集体学习时的讲话》（2013 年 5 月 24 日），载《习近平关于全面建成小康社会论述摘编》，中央文献出版社 2016 年版，第 166—167 页。

② 参见习近平《贯彻落实十八大精神要抓好六方面工作》，2013 年 1 月 1 日，新华社。

要坚持标本兼治、常抓不懈，从影响群众生活最突出的事情做起，既下大气力解决当前突出问题，又探索建立长久管用、能调动各方面积极性的体制机制，改善环境质量，保护人民健康，让城乡环境更宜居、人民生活更美好。

"我们要利用倒逼机制，顺势而为，把生态文明建设放到更加突出的位置。这也是民意所在。人民群众不是对国内生产总值增长速度不满，而是对生态环境不好有更多不满。我们一定要取舍，到底要什么？从老百姓满意不满意、答应不答应出发，生态环境非常重要。"①

这些论述把党的宗旨与人民群众对良好生态环境的现实期待和对生态文明的美好憧憬紧密结合在一起，是马克思主义群众观点和党的群众路线在生态文明建设领域的最新诠释。马克思主义与时俱进的理论创新品格源于人民性。马克思主义始终把代表最广大人民群众的根本利益作为自己的根本指针，把实现人的自由全面发展作为自己的奋斗目标，体现了科学性、阶级性和实践性的完美统一。我们党在长期的革命、建设和改革实践中，形成和发展了群众路线这一党的生命线和根本工作路线。这就是一切为了群众、一切依靠群众，从群众中来、到群众中去。

习近平总书记指出："改革开放是决定当代中国命运的关键一招，也是决定实现'两个一百年'奋斗目标、实

---

① 习近平：《在十八届中央政治局常委会会议上关于第一季度经济形势的讲话》（2013 年 4 月 25 日），载《习近平关于社会主义生态文明建设论述摘编》，中央文献出版社 2017 年版，第 83 页。

现中华民族伟大复兴的关键一招。"① 当前，正如前文所指出，尽管近年来我国在生态环境保护方面作出了巨大努力，但形势依然很严峻。资源枯竭与环境污染的总体状况仍未得到根本性改变；生态环境问题呈现出许多新的特点，可持续发展面临的内部压力并未从根本上得到缓解；以攫取和损毁生态环境为代价获得经济增长，自然资源的消耗越来越多，对环境的破坏越来越大。这非得通过深化生态文明体制改革解决不可。要以系统工程推进生态环境保护工作。要坚持整体推进，统筹谋划各个方面、各个层次、各个要素，注重推动各要素间相互促进、良性互动、协同配合，防止畸重畸轻、单兵突进、顾此失彼。

（三）哲学底蕴与辩证主义

学哲学、用哲学，努力把马克思主义哲学作为自己的看家本领。习近平总书记指出：学哲学、用哲学，是党的一个好传统。要坚持用马克思主义哲学教育和武装全党，党的各级领导干部特别是高级干部要原原本本学习和研读经典著作，努力把马克思主义哲学作为自己的看家本领，掌握科学的世界观和方法论，更好认识规律，更加能动地推进工作。②

哲学是人类的智慧之学。习近平生态文明思想，贯穿

---

① 习近平：《在广东考察工作时的讲话》（2012 年 12 月 7 日至 11 日），载《习近平关于全面深化改革论述摘编》，中央文献出版社 2014 年版，第 30 页。

② 参见《习近平总书记系列重要讲话读本》，人民出版社、学习出版社 2014 年版，第 175 页。

着马克思主义的三个基本立场。一是社会基本矛盾分析法。生产力和生产关系的矛盾、经济基础和上层建筑的矛盾，存在于一切社会形态之中，规定着社会性质和基本结构，推动着人类社会由低级向高级发展。二是物质生产是社会生活的基础。生产力是推动社会进步的最活跃、最革命的要素。社会主义的根本任务是解放和发展社会生产力，物质生产是社会历史发展的决定性因素。我们要坚持发展仍是解决我国所有问题的关键这个重大战略判断，坚持聚精会神搞建设、一心一意谋发展，推动我国社会生产力不断向前发展，推动实现物的不断丰富和人的全面发展的统一。三是人民群众是历史的创造者。人民是推动历史前进的真正动力，是真正的英雄。中国特色社会主义事业是亿万人民自己的事业，是为了人民、造福人民的事业。站在人民立场，相信群众，紧紧依靠群众推动事业发展，尊重人民主体地位、尊重群众首创精神，从人民群众的伟大创造中汲取智慧和力量。

习近平生态文明思想理论的特色，突出体现为"两点论""问题导向""底线思维"以及全局观、系统论等科学思维方法，说到底，是辩证唯物主义思维的集中体现。关于"两点论"，习近平总书记指出：我们想问题、作决策、办事情，不能非此即彼，要用辩证法、要讲两点论、要找平衡点。[①] 关于"问题导向"，他说：改革是由问题倒逼而产生，又在不断解决问题中而深化，要有强烈的问题

① 参见《习近平系列重要讲话读本：掌握工作制胜的看家本领》，《人民日报》2014 年 7 月 17 日第 12 版。

意识，以重大问题为导向，抓住重大问题、关键问题进一步研究思考，找出答案，着力推动解决我国发展面临的一系列突出矛盾和问题①。关于"底线思维"，他说："作决策、办事情，要善于运用底线思维的方法，凡事从坏处准备，努力争取最好的结果，做到有备无患，遇事不慌，牢牢把握主动权。"② 关于全局观，他说："不谋全局者，不足谋一域。大家来自不同部门和单位，都要从全局看问题，首先要看提出的重大改革举措是否符合全局需要，是否有利于党和国家事业长远发展。要真正向前展望、超前思维、提前谋局。只有这样，最后形成的文件才能真正符合党和人民事业发展要求。"③ 关于系统论，他说："经济、政治、文化、社会、生态文明各领域改革和党的建设改革紧密联系、相互交融，任何一个领域的改革都会牵动其他领域，同时也需要其他领域改革密切配合。如果各领域改革不配套，各方面改革措施相互牵扯，全面深化改革就很难推进下去，即使勉强推进，效果也会大打折扣。"④

（四）全球意识与国际合作

党的十八大以来，"命运共同体"重要论断已经成为习

---

① 参见《习近平系列重要讲话读本：掌握工作制胜的看家本领》，《人民日报》2014 年 7 月 17 日第 12 版。

② 同上。

③ 同上。

④ 习近平：《关于〈中共中央关于全面深化改革若干重大问题的决定〉的说明》，载《〈中共中央关于全面深化改革若干重大问题的决定〉辅导读本》，人民出版社 2013 年版，第 87 页。

近平总书记以全球视野、全球眼光、人类胸怀积极推动治国理政更高视野、更广时空的全球性理念。习近平总书记深刻指出："国际社会日益成为你中有我、我中有你的命运共同体。"① "一些国家越来越富裕，另一些国家长期贫穷落后，这样的局面是不可持续的。水涨船高，小河有水大河满，大家发展才能发展大家。各国在谋求自身发展时，应该积极促进其他国家共同发展，让发展成果更多更好惠及各国人民。"② 习近平总书记深入思考中国的发展与世界的关系问题，指出应对全球性重大威胁和挑战，发展中国家要发挥与其地位相适应的作用，把应对气候变化纳入经济社会发展规划，强力推进绿色增长。他说："中国将继续承担应尽的国际义务，同世界各国深入开展生态文明领域的交流合作，推动成果分享，携手共建生态良好的地球美好家园。"③

　　党的十九大，习近平总书记向中国和世界发出了中国做"全球生态文明建设的重要参与者、贡献者、引领者"的感召。这里突出的亮点基于两点：一是"全球生态文明建设"；二是中国要成为全球生态文明建设的引领者。毫无疑问，生态文明建设是中国话语、中国原创、中国表达，现在越来越在世界范围内焕发出强大生机活力，不论是发达的工业化国家，还是尚未完成工业化的发展中国

---

　　①　习近平：《弘扬和平共处五项原则　建设合作共赢美好世界——在和平共处五项原则发表60周年纪念大会上的讲话》，人民出版社2014年版，第6页。

　　②　同上书，第8—9页。

　　③　参见《习近平谈治国理政》，外文出版社2014年版，第212页。

家，都意识到需要摒弃——或用生态文明加以改造和提升——工业文明下的伦理价值认知、生产方式、消费方式，以及与之相适应的体制机制。而中国的生态文明建设恰恰提供了系统的理论、方法和政策经验，更有中华传统文明的古老东方生态智慧。2015 年达成的联合国《2030 年可持续发展议程》和《巴黎协定》，实际上是推动实现工业文明向生态文明转型的议程。这都意味着当代中国正以自己独特的"中国智慧"和"中国方案"，在世界上高高举起了社会主义生态文明建设的伟大旗帜。

习近平生态文明思想中关于生态文明全球治理与国际合作的重要论述，是正确把握当今时代发展中国家整体实力增强、在国际政治经济领域影响和作用越来越大的趋势上提出的中国责任的战略智慧。这些战略的提出及其实践显示了发展中国家全球责任意识的觉醒，有利于推动发展中国家在国际事务中发挥更大作用，使国际格局和国际秩序朝着更加积极和合理的方向演进。建设生态文明，我们应在更深层次和更广范围内达成全球共识。我们要以习近平总书记在党的十九大指出的"全球生态文明建设"新表述为指导，始终坚持中国立场、世界眼光、人类胸怀，持续思考、探索和推动以中国生态文明建设构筑人类命运共同体的全球治理理念、重大生态理念。

二　马克思恩格斯自然辩证法在当代中国的最新发展

大自然是一个相互依存、相互影响的系统。大自然作为世界宇宙的一个组成部分，就其自身而言，同样是一个整体，内部各要素是相互依存、相互影响的。马克思和恩格斯十分重视研究人和自然的关系，研究自然科学和技术在社会发展中的作用及其在社会中的发展规律。自然辩证法的产生不仅对马克思主义哲学，而且对整个马克思主义革命学说有重要意义。

马克思指出："人和人之间的直接的、自然的、必然的关系是男女之间的关系。在这种自然的、类的关系中，人同自然界的关系直接就是人和人之间的关系，而人和人之间的关系直接就是人同自然界的关系，就是他自己的自然的规定。"① 马克思把人与人的关系归根结底归纳到人与自然的关系，表明了马克思对人与自然关系的重视，是对世界这个统一体系的科学认识。在关于如何处理人与自然之间的关系时，马克思指出："我们统治自然界，决不像征服者统治异族人那样，决不是像站在自然界之外的人似的，——相反地，我们连同我们的肉、血和头脑都是属于自然界和存在于自然之中的……"② 马克思把尊重自然规律、人与自然之间的和谐相处视为科学处理人与自然关系的正确方式。

作为客观存在的系统，自然界的存在和发展是不以人的意志为转移的。自然界先于人类社会而存在，可以

---

① 《马克思恩格斯全集》第 42 卷，人民出版社 1979 年版，第 119 页。

② 《马克思恩格斯选集》第 4 卷，人民出版社 1995 年版，第 383—384 页。

说，是先有了自然界，才有了人类社会，自然界是人类社会存在和发展的基础。恩格斯在《自然辩证法》一文中对自然的客观性有着精彩的论述，他说，"达尔文第一次从联系中证明，今天存在于我们周围的有机自然物，包括人在内，都是少数原始单细胞胚胎的长期发育过程的产物，而这些胚胎又是由那些通过化学途径产生的原生质或蛋白质形成的"①，"随着这第一个细胞的产生，也就有了整个有机界的形态发展的基础"②。从这些论述中，我们可以得出，恩格斯承认自然界先于人类社会存在而存在，他更加明确地指出："自然界是不依赖任何哲学而存在的；它是我们人类（本身就是自然界的产物）赖以生长的基础。"③

习近平生态文明思想理论体系，是对马克思、恩格斯自然观的继承和发展，体现了马克思主义自然辩证法思想。一方面，承认自然作为一个整体的客观存在，抓住了大自然内部相互依存、相互影响的客观规律，在对待人与自然的关系上，要求首先尊重自然、顺应自然、保护自然；另一方面，就自然是一个相互影响的系统、世界表现为一个统一体系而言，习近平总书记深刻指出："我们要认识到，山水林田湖是一个生命共同体，人的命脉在田，田的命脉在水，水的命脉在山，山的命脉在土，土的命脉

---

① 《马克思恩格斯选集》第 4 卷，人民出版社 1995 年版，第 245—246 页。

② 同上书，第 273 页。

③ 同上书，第 222 页。

在树。"① 马克思、恩格斯从来都是从世界的联系性这一特点出发对自然界和人类社会进行整体性研究。恩格斯在《自然辩证法》中指出："我们所接触到的整个自然界构成一个体系……它们是相互作用着的……只要认识到宇宙是一个体系，是各种物体相联系的总体，就不能不得出这个结论。"② 恩格斯以宏大视野认识整个宇宙，认识到世界联系的客观性和普遍性。为了同非马克思主义的错误思想进行斗争，恩格斯在《反杜林论》一文中驳斥了杜林的错误观点，他说道："世界表现为一个统一的体系，即一个有联系的整体，这是显而易见的，但是要认识这个体系，必须先认识整个自然界和历史，这种认识人们永远不会达到。"③ 习近平生态文明思想，也是在承认世界是相互联系的统一整体这一自然辩证法的理论基础上展开的，习近平总书记在中央城镇化工作会议上针对城市缺水这一自然现象指出："为什么这么多城市缺水？一个重要原因是水泥地太多，把能够涵养水源的林地、草地、湖泊、湿地给占用了，切断了自然的水循环，雨水来了，只能当作污水排走，地下水越抽越少。解决城市缺水问题，必须顺

---

① 习近平：《关于〈中共中央关于全面深化改革若干重大问题的决定〉的说明》（2013 年 11 月 9 日），载《习近平关于全面建成小康社会论述摘编》，中央文献出版社 2016 年版。

② 《马克思恩格斯选集》第 4 卷，人民出版社 1995 年版，第347 页。

③ 《马克思恩格斯全集》第 20 卷，人民出版社 1971 年版，第 662—663 页。

应自然。"①

规律性是世界体系的另一重要特征。统一的、相互联系的世界体系及其发展是有规律的。恩格斯指出："整个自然界是受规律支配的，绝对排除任何外来的干涉"②，并且强调"自然规律是根本不能取消的"③。习近平生态文明思想同样是在科学认识和把握自然规律的前提下，敏锐地触及生态文明建设的本质及内在运行规律。他说，"生态兴则文明兴，生态衰则文明衰"，生态环境保护的成败，归根结底取决于经济结构和经济发展方式。经济发展不应是对资源和生态环境的竭泽而渔，生态环境保护也不应是舍弃经济发展的缘木求鱼。而是要坚持在发展中保护、在保护中发展，实现经济社会发展与人口、资源、环境相协调。

蔑视自然辩证法是不能不受惩罚的。自然辩证法是指导人们正确处理人与自然、人与人、人与社会关系的基本理论和方法。自然辩证法在自然和社会生活中对于人们价值观的树立、社会行为的规范都起着重要作用，必须高度重视辩证法。恩格斯曾经旗帜鲜明地指出，"实际上，蔑视辩证法是不能不受惩罚的"④。同样，习近平总书记则更

---

① 习近平：《在中央城镇化工作会议上的讲话》，《十八大以来重要文献选编》（上），中央文献出版社 2014 年版，第 603 页。

② 《马克思恩格斯选集》第 3 卷，人民出版社 1995 年版，第 701 页。

③ 《马克思恩格斯选集》第 4 卷，人民出版社 1995 年版，第 580 页。

④ 同上书，第 300 页。

加深刻地指出，"在生态环境保护问题上，就是要不能越雷池一步，否则就应该受到惩罚"①。这对于认识和把握习近平生态文明思想关于规律性的科学理解有着重要的指导意义。

事实上，习近平总书记在纪念马克思诞辰 200 周年大会上的重要讲话，尤其彰显出习近平生态文明思想是马克思恩格斯自然辩证法在当代中国的最新发展。

2018 年 5 月 4 日，纪念马克思诞辰 200 周年大会在北京举行。习近平总书记发表重要讲话，深刻阐释了马克思主义的科学体系、丰富内涵及其对人类社会发展的巨大作用。他特别指出："学习马克思，就是要学习和实践马克思主义关于人与自然关系的思想。……要坚持人与自然和谐共生，……共建美丽中国。"② 马克思主义哲学从来都把人与自然的关系作为着力解决的问题。人不可胜天，现代科学技术不可为所欲为。"人类只有遵循自然规律才能有效防止在开发利用自然上走弯路，人类对大自然的伤害最终会伤及人类自身，这是无法抗拒的规律。"③

自然是生命之母，人与自然是生命共同体。人类善待

---

① 习近平：《在十八届中央政治局第六次集体学习时的讲话》（2013 年 5 月 24 日），载《习近平关于全面建成小康社会论述摘编》，中央文献出版社 2016 年版，第 167 页。

② 习近平：《在纪念马克思诞辰 200 周年大会上的讲话》，人民出版社 2018 年版，第 21 页。

③ 习近平：《决胜全面建成小康社会　夺取新时代中国特色社会主义伟大胜利——在中国共产党第十九次全国代表大会上的报告》，人民出版社 2017 年版，第 50 页。

自然，自然也会馈赠人类。即便是工业文明，马克思也高度肯定了它为人化自然作出的历史贡献，他说，"在人类历史中即在人类社会的产生过程中形成的自然界是人的现实的自然界；因此，通过工业——尽管以异化的形式——形成的自然界，是真正的、人类学的自然界。"①

人不可胜天，现代科学技术不可为所欲为。工业文明强调人类对自然的征服，以人类中心主义的姿态对地球立法、为世界定规则，强调人定胜天。现实的问题在于，自然科学与技术在改变人们生产方式和生活方式的同时，也带来了潜在的、不可控的风险；在某种程度上，现代生态系统的高度紧张，恰恰源于人们对科技进步的盲目应用。恩格斯指出："到目前为止的一切生产方式，都仅仅以取得劳动的最近的、最直接的效益为目的。那些只是在晚些时候才显现出来的、通过逐渐的重复和积累才产生效应的较远的结果，则完全被忽视了。"②

习近平总书记指出："马克思主义哲学深刻揭示了客观世界特别是人类社会发展一般规律，在当今时代依然有着强大生命力，依然是指导共产党人前进的强大思想武器。"③ 理论一经掌握群众，也会变成物质力量。我们要坚持用马克思主义理论的战略观和整体观，注释、解读、理

---

① 《马克思恩格斯选集》第 42 卷，人民出版社 1979 年版，第 128 页。

② 《马克思恩格斯选集》第 4 卷，人民出版社 1995 年版，第 385 页。

③ 参见中共中央宣传部编《习近平总书记系列重要讲话读本》，人民出版社、学习出版社 2014 年版，第 175 页。

解和创新迈步新时代生态文明建设系列重大理论，厚实生态文明建设基础理论研究，以马克思主义生态文明建设话语体系和理论体系，引领和推动生态文明建设成为国际社会可持续发展理念新思潮，做全球生态文明建设的参与者、贡献者和引领者。

三　党的保护环境思想、生态文明理念的继承和发展

习近平生态文明思想，是对中华人民共和国成立以来历代中央领导集体以战略眼光高度重视和长期探索生态环境保护建设道路的继承和发展。

以毛泽东同志为核心的党的第一代中央领导集体，早在 20 世纪 50 年代就提出了"绿化祖国""实行大地园林化"的号召。周恩来同志一直倡导的"青山常在，永续利用"，是中华人民共和国成立初期林业建设的重要指导思想。1950 年，中华人民共和国召开的第一次全国林业业务会议就确定了"普遍护林，重点造林，合理采伐和合理利用"的林业建设总方针。1972 年，第一次全球环境峰会在瑞典斯德哥尔摩举行，中国派出了代表团。1973 年，我国召开了第一次全国环保大会，审议通过了"全面规划、合理布局、综合利用、化害为利、依靠群众、大家动手、保护环境、造福人民"的环境保护工作 32 字方针，成为我国环保事业的第一个里程碑。会后，中央政府决定在当时的城乡建设部设一个管环保的部门。

改革开放以来，正如习近平总书记所指出："坚持和

发展中国特色社会主义是一篇大文章，邓小平同志为它确定了基本思路和基本原则，以江泽民同志为核心的党的第三代中央领导集体、以胡锦涛同志为总书记的党中央在这篇大文章上都写下了精彩的篇章。现在，我们这一代共产党人的任务，就是继续把这篇大文章写下去。"①

以邓小平同志为核心的党的第二代中央领导集体，将治理污染、保护环境上升为基本国策。为着力推进环境保护的法制化工作，1978 年邓小平同志提出：应该集中力量制定刑法、民法、诉讼法和其他各种必要的法律，例如，工厂法、人民公社法、森林法、草原法、环境保护法、劳动法、外国人投资法等，经过一定的民主程序讨论通过，并且加强检察机关和司法机关，做到有法可依，有法必依，执法必严，违法必究。在邓小平同志的重视下，我国先后制定、颁布、实施了森林法、草原法、环境保护法、水法。这些法律法规，为保护、利用、开发和管理整个生态环境及其资源提供了强有力的法律保障，具有根本性意义。对于林业建设工作，邓小平同志首次对一项事业提出了"坚持一百年，坚持一千年，要一代一代永远干下去"的要求。

以江泽民同志为核心的党的第三代中央领导集体提出：退耕还林，再造秀美山川，绿化美化祖国；西部大开发，保护和改善生态环境就是保护和发展生产力；可持续发展，走生态良好的文明发展道路；把中国的生态环境工

———————————

① 参见中共中央宣传部编《习近平总书记系列重要讲话读本》，人民出版社、学习出版社 2014 年版，第 20—21 页。

作做好，就是对世界的一大贡献。江泽民同志强调，只有全民动员，锲而不舍，年复一年把植树造林工作搞上去，才能有效地遏制水土流失，防止土地沙漠化，为人民造福。这是关系到中华民族下个世纪和千秋万代的大事，必须充分重视，抓紧抓好。江泽民同志向全国人民发出了"再造秀美山川"动员令。

新世纪新阶段，以胡锦涛同志为总书记的党中央，强调坚持以人为本、全面协调可持续发展，提出构建社会主义和谐社会、加快生态文明建设，形成中国特色社会主义事业总体布局，着力保障和改善民生，促进社会公平正义，推动建设和谐世界，推进党的执政能力建设和先进性建设，形成了科学发展观，成功地在新的历史起点上坚持和发展了中国特色社会主义。科学发展观的根本方法是统筹兼顾，统筹人与自然和谐发展是科学发展观"五个统筹"的重要组成部分。它要求我们树立科学的人与自然观，视人类与自然为相互依存、相互联系的整体，从整体上把握人与自然的关系，并以此作为认识和改造自然的基础。

党的十八大以来，习近平总书记就生态文明建设作了一系列重要论述，深刻、系统、全面地回答了我国生态文明建设发展面临的一系列重大理论和现实问题，标志着社会主义生态文明从思潮到社会形态的真正转变。这个标志的核心，就是"五位一体"中国特色社会主义事业总体布局的完善和发展。党的十八大着眼于社会主义初级阶段总依据、实现社会主义现代化和中华民族伟大复兴总任务的有机统一，把生态文明建设纳入中国特色社会主义事业总体布局，较由传统的经济建设、政治建设、文化建设和社会建设"四位一体"总体布局拓展为包括生态文明建设在内的"五位一体"。这标志着我们对中国特色社会主义规律认识的进一步深化，表明了我们加强生态文明建设的坚定意志和坚强决心。

党的十九大于 2017 年 10 月 18 日在北京隆重召开，习近平总书记作了《决胜全面建成小康社会　夺取新时代中国特色社会主义伟大胜利》的报告。报告共十三个部分，其中，在第一部分即"过去五年的工作和历史性变革"、第三部分即"新时代中国特色社会主义思想和基本方略"和第九部分即"加快生态文明体制改革，建设美丽中国"，专门成段成节论述了生态文明建设的阶段性成就、指导思想和战略部署；在其他各个部分，均以清新的表述、科学的论断，承前启后、继往开来，提出了若干新的表述，明确和凸显了新时代社会主义生态文明建设新的时代背景、发展依据、外部条件和政治保证，从理论和实践结合上系统回答了新时代社会主义生态文明建设理论和实践的全景全貌，成为不断巩固和深化人与自然和谐发展现代化建设新格局新的政治宣言和行动指南。

四　中华民族伟大复兴美丽中国梦的战略愿景

2013 年 7 月，习近平总书记在电贺"生态文明贵阳国际论坛 2013 年年会"时又说："走向生态文明新时代，建设美丽中国，是实现中华民族伟大复兴的中国梦的重要内容。"①

党的十九大综合分析国际国内形势和我国发展条件，提出了从二○二○年到本世纪中叶我国社会主义建设事业的两个阶段性目标，这其中包括生态文明建设的阶段性目标和历史使命。"第一个阶段，从二○二○年到二○三五年，在全面建成小康社会的基础上，再奋斗十五年，基本实现社会主义现代化。""到那时……生态环境根本好转，美丽中国目标基本实现。""第二个阶段，从二○三五年到本世纪中叶，在基本实现现代化的基础上，再奋斗十五年，把我国建成富强民主文明和谐美丽的社会主义现代化强国。"

在当今国际背景下，中国实现和平崛起是不可逆转的历史潮流。基于威胁未来人类文明安全很可能是已经延续了两百多年之久的工业文明所引发的资源问题、环境灾难和生态系统退化的基本判断，基于中国的工业化是在西方发达国家的工业化已经将地球的能源和环境危机推向临界状态下进行的历史现实，正在崛起的中国如果继续沿袭西方式工业文明之路，无论是出于对人类文明进化的考虑，还是中国自身发展的需要，既无法实现和谐发展、科学发展，更无法实现中华民族伟大复兴的美丽中国梦。中国必须走出一条避免人类文明灾难的、适于人类共享的新文明模式。

---

① 习近平：《致生态文明贵阳国际论坛二○一三年年会的贺信》（2013 年 7 月 18 日），载《习近平关于实现中华民族伟大复兴的中国梦论述摘编》，中央文献出版社 2013 年版，第 8 页。

　　新时代中国特色社会主义生态文明建设之路，在本质上是对传统工业文明的扬弃。虽然生态文明是基于解决人类与生态自然矛盾而提出的，但是生态文明的本质内涵，不能等同于保护生态环境。生态文明的本质内涵，是要在新文明观指导下，通过人类生产方式、生活方式的创新，在新的文明模式中，创建一种人类与自然、消费与生产、物质与精神、国家与国家、政治与文化之间制衡协调的新关系，并在这种新关系中建立一个生态化、智能化、低能耗的全人类共享的新文明。

　　习近平生态文明思想，以一种崭新的文明理论与实践形态实现了中华文明的生态智慧或中华传统生态文化在新时代的升华，从而为中华民族的全面复兴奠定文化和思想基础。仅凭经济的发展不可能实现民族的复兴，中华民族的兴盛有赖中华文明的复兴。西方的兴盛不仅在于工业化大生产及相应的设备和科技的全球普及，更在于与工业文明相一致的西方思想和文化的全球影响。

　　生态文明包括人与自然之间的公平、当代人之间的公平、当代人与后代人之间的公平。生态文明的最终归宿就是共产主义制度。恩格斯在《政治经济学批判大纲》中曾指出：我们这个世纪面临的大变革，即人类同自然的和解以及人类本身的和解。人类同自然的和解是针对人与自然之间的矛盾，在当时是指资本主义文明对大自然无限制地索取掠夺而造成的生态危机。要彻底解决好生态危机，马克思和恩格斯认为，只有在共产主义制度下才能做到。共产主义能够消除各种危及人类生存和发展的生态灾难，因为自觉地保护自然环境、创建生态文明，是共产主义社会的发展目标和重要特征之一。共产主义"作为完成了的自然主义，等于人道主义，而作为完成了的人道主义，等于自然主义，它是人和自然界之间、人和人之间的矛盾的真正解决，是存在和本质、对象化和自我确证、自由和必然、个体和类之间的斗争的真正解决"①。此外，在共产主义社会里，人与自然的物质交换将更加合理化，"而不让它作为盲目的力量来统治自己；靠消耗最小的力量，在最无愧于和最适合于他们的人类本性的条件下来进行这种物质变换"。只有在这种社会制度下，人们才能享受到人与自然规律相协调的生活。

在经济全球化背景下，资本主义国家通过资本的全球化运作，促使本国高能耗工业向不发达国家转移，让全世界发展中国家为它们的环境污染埋单。它们通过生态危机来转嫁制度本身固有的缺陷导致的经济危机，使得资本主义对生态的破坏更加隐蔽。资本主义的本质决定了资本主义不可能停止剥削，因此只有社会主义才能实现社会公平，解决环境问题。社会主义社会是消灭了阶级剥削和阶级压迫的社会，是广大劳动人民当家作主的社会，人民群众在经济、政治、文化、社会等各方面处于平等地位，享有同等权利。在生态危机呈现多元化、资本主义制度剥削本质隐蔽化的 21 世纪，习近平生态文明思想继承了马克思恩格斯自然辩证法的精髓，创建了在人类文明史上具有重要意义的有中国特色的社会主义生态文明建设理论体

①　《马克思恩格斯文集》第 1 卷，人民出版社 2009 年版，第185 页。

系，使中国特色社会主义建设，不仅发生着与传统粗放型工业模式相扬弃的生产方式、增长方式和发展模式的变革，还发生着对涉及生态的伦理观念、道德意识和行为方式进行自我反省和调整，要求在全社会树立生态文明观念，形成持续、健康、绿色的消费模式和生活方式的伟大变革。

参考文献

马恩经典著作及习近平同志主要著述

《马克思恩格斯选集》第 1、第 3、第 4 卷，人民出版社 1995 年版。

习近平：《之江新语》，浙江人民出版社 2007 年版。

习近平：《干在实处 走在前列——推进浙江新发展的思考与实践》，中共中央党校出版社 2013 年版。

习近平：《习近平谈治国理政》，外文出版社 2014 年版。

习近平：《摆脱贫困》，福建人民出版社 2014 年版。

习近平：《做焦裕禄式的县委书记》，中央文献出版社 2015 年版。

习近平：《习近平谈治国理政》第 2 卷，外文出版社 2017 年版。

中共中央文献研究室编：《习近平关于全面深化改革论述摘编》，中央文献出版社 2014 年版。

中共中央文献研究室编：《习近平关于全面建成小康社会论述摘编》，中央文献出版社 2016 年版。

中共中央文献研究室编：《习近平关于社会主义生态文明建设论述摘编》，中央文献出版社 2017 年版。

专著

傅伟勋：《从西方哲学到禅佛教》，生活·读书·新知三联
　　书店 2005 年版。

刘思华：《刘思华可持续经济文集》，中国财政经济出版社
　　2007 年版。

潘家华：《中国的环境治理与生态建设》，中国社会科学出
　　版社 2015 年版。

邱仁宗主编：《国外自然科学哲学问题》，中国社会科学出
　　版社 1994 年版。

沈满洪：《生态经济学》，中国环境科学出版社 2008 年版。

王伟光：《习近平治国理政思想研究》，中国社会科学出版
　　社 2016 年版。

庄贵阳：《低碳经济：气候变化背景下中国的发展之路》，
　　气象出版社 2007 年版。

黄承梁、余谋昌：《生态文明：人类社会全面转型》，中共
　　中央党校出版社 2010 年版。

［美］巴里·康芒纳：《封闭的循环——自然、人和科技》，
　　侯文蕙译，吉林人民出版社 1997 年版。

［美］弗·卡普拉：《转折点：科学·社会·兴起中的新文
　　化》，冯禹译，中国人民大学出版社 1989 年版。

［美］理查德·沃林：《文化批评的观念》，张国清译，商
　　务印书馆 2000 年版。

期刊

陈洪波、潘家华：《我国生态文明建设理论与实践进展》，
　　《中国地质大学学报》（社会科学版）2012 年第 5 期。

陈迎：《G20 为推动落实 2030 年可持续发展议程注入新动力》，《中国环境监察》2016 年第 8 期。

董亮、张海滨：《2030 年可持续发展议程对全球及中国环境治理的影响》，《中国人口·资源与环境》2016 年第 1 期。

〔美〕赫尔曼·F. 格林：《生态社会的召唤》，《自然辩证法研究》2006 年第 6 期。

黄承梁：《以"四个全面"为指引走向生态文明新时代——深入学习贯彻习近平总书记关于生态文明建设的重要论述》，《求是》2015 年第 8 期。

李芬、张林波、李岱青：《国家公园：三江源地区生态环境保护新模式》，《生态经济》2016 年第 1 期。

李萌：《2014 年中国生态补偿制度总体评估》，《生态经济》2015 年第 12 期。

刘振民：《全球气候治理中的中国贡献》，《求是》2016 年第 7 期。

娄伟、潘家华：《"生态红线"与"生态底线"概念辨析》，《人民论坛》2015 年第 36 期。

潘家华：《与承载能力相适应　确保生态安全》，《中国社会科学》2013 年第 5 期。

潘家华：《碳排放交易体系的构建、挑战与市场拓展》，《中国人口·资源与环境》2016 年第 8 期。

潘家华、王谋：《国际气候谈判新格局与中国的定位问题探讨》，《中国人口·资源与环境》2014 年第 4 期。

钱学森：《运用现代科学技术实现第六次产业革命——钱学森关于发展农村经济的四封信》，《生态农业研究》

1994 年第 3 期。

孙新章、王兰英等:《以全球视野推进生态文明建设》,《中国人口·资源与环境》2013 年第 7 期。

陶文昭:《科学理解习近平命运共同体思想》,《中国特色社会主义研究》2016 年第 2 期。

王苒、赵忠秀:《"绿色化"打造中国生态竞争力》,《生态经济》2016 年第 2 期。

谢富胜、程瀚、李安:《全球气候治理的政治经济学分析》,《中国社会科学》2014 年第 11 期。

张伟、蒋洪强、王金南、曾维华、张静:《科技创新在生态文明建设中的作用和贡献》,《中国环境管理》2015 年第 3 期。

周宏春:《绿色化是我国现代化的重要组成部分》,《中国环境管理》2015 年第 3 期。

朱凤琴:《中国传统生态文化思想的现代阐释》,《科学社会主义》2012 年第 5 期。

庄贵阳:《生态文明制度体系建设需在重点领域寻求突破》,《浙江经济》2014 年第 14 期。

庄贵阳:《经济新常态下的应对气候变化与生态文明建设——中国社会科学院庄贵阳研究员访谈录》,《阅江学刊》2016 年第 1 期。

庄贵阳、周伟铎:《全球气候治理模式转变及中国的贡献》,《当代世界》2016 年第 1 期。

报纸

黄承梁:《建设生态文明需要传统生态智慧》,《人民日报》2015 年 1 月 15 日第 7 版。

潘家华:《可持续发展经济学再思考》,《人民日报》2015
年 6 月 29 日第 22 版。

周国梅:《"一带一路"建设的绿色化战略》,《中国环境
报》2016 年 1 月 19 日第 2 版。

庄贵阳:《破解城镇化进程中高碳锁定效应》,《光明日
报》2014 年 10 月 2 日第 8 版。

索　引

后　　记

　　习近平生态文明思想，是解决人类可持续发展问题、推进全球生态文明建设的东方智慧、中国方案。工业革命以来，以技术引领、效用为先、财富积累、改造并征服自然为特征的工业文明迅速统治世界，在创造前所未有的物质财富的同时，也导致环境污染、气候变暖、资源枯竭、生态退化、贫富鸿沟加深、社会公正缺失等问题日益突出，威胁人类社会的生存和发展。实现工业文明转型、谋求可持续发展，成为当今世界的追求。中国的生态文明建设，传承东方"天人合一""道法自然"的智慧，秉持"绿水青山就是金山银山"的价值理念，强调山水林田湖草生命共同体的系统思维，形成了生态文明发展的中国范式，改造和提升着工业文明。

　　习近平生态文明思想，坚持尊重自然、顺应自然、保护自然的生态文明理念，坚持保护生态环境就是保护生产力、改善生态环境就是发展生产力的自然生产力观，坚持走低碳发展、绿色发展、循环发展道路，体现了生态文明建设前沿理论与实践探索的高度融合和辩证统一；习近平生态文明思想，以中华传统文化优秀生态智慧作为思辨创作的文化土壤，以马克思主义自然辩证法思想精髓作为理论源泉的理论基石，以当代世界和当代中国的生态危机和生态文明建设的伟大探索作为理论科学扬弃的实践来源。

　　本书是国家社会科学基金十八大以来党中央治国理政新理念新思想新战略研究专项工程项目"习近平治国理政新思想研究"（批准号：16ZZD001）的子课题之一，潘家华任课题组负责人，主持编写并审定书稿。初稿校稿完成于2017年11月。在出版前夕，基于习近平总书记在纪念马克思诞辰200周年大会上的讲话和在全国生态环境保护大会上的讲话精神，2018年6月补充了新原则、新表述。在分工上，潘家华拟定写作大纲并承担三次统稿与再修改工作。庄贵阳细化和丰富了写作大纲，负责第六、八、九章内容的研究和撰写，李萌负责第二、三章内容的研究和撰写，娄伟负责第四、五章内容的研究和撰写，黄承梁负责第一、七、十章内容及前言和后记的研究和撰写。薛苏鹏、周枕戈、薄凡、沈维萍和王迪等做了大量的撰写辅助和技术支撑工作。此外，由于本书书稿撰写时间延续较长，黄承梁、李萌、娄伟等在书稿付印前阅统全稿，确保表述的一致性和准确性。

　　中国社会科学院副院长蔡昉多次听取潘家华的汇报，提出了许多富有建设性的真知灼见和具体指导。李宏伟、郇庆治、欧阳志云、郭兆晖、陈迎、王景福、郭占恒、顾益康等参加了本书的专家论证会，对书稿修改和完善提出了宝贵意见。中国社会科学出版社社长赵剑英、总编辑助理王茵等在出版过程中提供了热情的支持与具体帮助，在此一并衷心感谢！

潘家华

2019年2月